# LES INCROYABLES ERREURS SUR L'HISTOIRE DE L'HUMANITÉ

Ibrahima Mbengue

# LES INCROYABLES ERREURS SUR L'HISTOIRE DE L'HUMANITÉ

*Comment les théories de l'évolution ont voilé l'histoire*

L'Harmattan Sénégal

10 VDN, Sicap Amitié 3, Lotissement Cité Police, DAKAR

senharmattan@gmail.com
senlibrairie@gmail.com

ISBN : 978-2-14-027125-0

EAN : 9782140271250

# SOMMAIRE

# INTRODUCTION

Comment une « soupe » (primitive) imaginaire, évoquée comme hypothèse par Darwin pour marquer le début de l'aventure humaine, a-t-elle pu entraîner l'humanité dans des dérives scientifiques, des massacres de populations et des dérives idéologiques inimaginables ? Comment une « pression de sélection des espèces », aujourd'hui reconnue irréelle dans la nature, a-t-elle pu propulser la théorie qui a le plus d'embranchements dans les sciences ? Comment l'égocentrisme de l'homme a-t-il pu générer, avec des hypothèses qui s'effritent de plus en plus, l'une des théories les plus ancrées, les plus étendues, traitant de questions les plus existentielles que l'homme ait pu se poser ?

L'objectif de l'ouvrage est de revenir sur l'incroyable erreur d'une théorie au départ basée sur un imaginaire, puis transformée en théorie scientifique majeure. Il s'agit d'analyser l'odyssée de l'homme, sujet « finalisé » dans cette passionnante théorie évolutionniste qui mobilise en permanence toutes les sciences réunies (naturelles, physiques, humaines, etc.) depuis au moins deux siècles ; le débat soulevé par la théorie est « passionnant » parce qu'aussi les questions qu'elle a soulevées sont essentielles ; qui sommes-nous, d'où venons-nous, où allons-nous ? Qui est vraiment l'homme ? Quel destin l'attend ?

Toute erreur est donc catastrophique ! Pourtant, la notion d'évolution a fini par s'imposer au cœur de la pensée moderne et même enseignée dans les écoles. Pour Georges Olivier, Professeur d'Anthropologie à la Sorbonne et à la Faculté de Médecine de Paris, « *L'évolution est un fait indiscutable* », « *Il est certain que l'Homme descend d'un singe fossile* »[1]. Selon Darwin, c'est l'hérédité des petites variations, triées par la sélection, qui est une source d'évolution continue. La théorie a entraîné

[1] Georges Olivier, L'évolution et l'homme, Paris, Petite Bibliothèque Payot, p.5

le sens commun à croire profondément que l'humanité a évolué de la préhistoire à nos jours, que l'architecture et les diverses techniques de construction ont évolué, que la science a évolué, que la médecine a évolué, que les arts ont évolué, que la démocratie et les constitutions ont évolué, que, aussi, le physique de l'homme a évolué. Pour l'évolutionnisme, plus on s'éloigne dans le passé, plus l'humanité vivait dans une civilisation archaïque, primaire. « *La science s'est constituée de façon progressive depuis quelques millénaires.* »[2]

Dans cet ordre d'idées, le professeur Olivier Roger affirme que :

> « La préhistoire débute avec notre millième ancêtre, au cœur de la dernière glaciation : notre dix-millième ancêtre est encore un homme, mais le 25 millième est un Pithécanthrope. Ainsi, en dépit de la lenteur de la croissance humaine, notre évolution s'est faite assez vite, en 20 à 30 000 générations. »[3].

Une génération est estimée selon l'auteur entre 25 et 30 ans.

Le passé est regardé avec condescendance et préjugés. Les générations actuelles sont nourries de jugements tranchés sur l'infériorité des générations passées qui vont permettre de mieux saisir le passé réel de l'homme. Selon le même Georges Olivier, Professeur d'Anthropologie à la Sorbonne et à la Faculté de Médecine de Paris

> « Il est certain que l'Homme descend d'un singe fossile. Mais l'accord n'est pas fait sur les mécanismes des transformations qui ont amené ce résultat. Il est important de distinguer les constatations scientifiques des hypothèses interprétatives : car souvent les deux s'intriquent dans l'esprit des auteurs, si bien que le lecteur a bien du mal à s'y reconnaître entre les œuvres de Chénot, de Simpson et de Teilhard de Chardin. La raison profonde des différences d'optique réside dans les points de vue métaphysiques plus ou moins sous-jacents »[4].

Le stéréotype, sur lequel se fonde le préjugé, constitue une généralisation, un ensemble d'images mentales qui influencent notre rapport au réel. Cette condescendance bloque l'homme pour apprendre du génie humain, que le meilleur du génie de l'humanité est dans le passé.

L'hypothèse nouvelle, avec ces connaissances qui remontent à la surface, est celle d'un passé plus évolué que le présent : que les savoir-

---

[2] *Wikipédia*, histoire des sciences.

[3] Idem, ibidem, p. 31

[4] Idem, ibidem, pp. 5-6

faire actuels, en matière de construction de tours gigantesques, d'architecture, d'aménagement urbain, d'art esthétique, d'artisanat, d'orfèvrerie, de mathématiques, de sciences, de santé, de diverses techniques, etc. que l'humanité actuelle n'est pas le fruit d'une évolution, mais d'un simple héritage d'une partie d'un passé plus évolué, des redécouvertes, des trouvailles de trésors inconnus de grandes civilisations brusquement disparues.

Certaines réalisations gigantesques des générations disparues, sauvées des cataclysmes, constituent encore des énigmes au vu de tous les savoirs et savoir-faire des générations actuelles.

Il est à noter, d'ailleurs, que nombre de récits mythiques (le Déluge, l'Atlantide...), de récits des savants, des philosophes comme Platon et des textes sacrés (la Bible, le Coran) ont cherché à faire comprendre que le niveau de développement des peuples du passé était supérieur à celui de l'humanité actuelle.

# PARTIE 1

# L'ORDRE ET LES PARAMÈTRES IMPLIQUÉS DANS CHACUNE DES ÉTAPES DE LA CHAÎNE DE L'INNOVATION ÉVOLUTIVE DES ESPÈCES

# CHAPITRE 1

# L'HOMME N'EST PAS LE RÉSULTAT D'UNE ÉVOLUTION À PARTIR D'UN AUTRE ANIMAL

## Les soubassements de la théorie

La théorie de l'évolution repose sur trois phénomènes observables dans la nature : la similitude physique des espèces, l'existence de proximités, une « chaîne » entre les espèces et la relation étroite entre des fonctions et leurs organes qui permettent aux espèces de s'adapter à leurs milieux respectifs.

La théorie de la parenté des espèces, de leurs embranchements communs, voire de leur ancêtre commun, leurs évolutions à partir de leurs états primitifs, s'est progressivement imposée dans la communauté scientifique, après des travaux de Darwin. L'acceptation de cette théorie repose sur sa simplicité. Elle tente d'expliquer un maximum de ces faits observables avec un minimum de postulats. Darwin illustre, avec des observations détaillées, la proximité biologique des espèces avec la fonctionnalité de leurs anatomies dans leurs milieux naturels. Il en tire la conclusion que les espèces vivantes ne sont pas des catégories fixes, mais se diversifient avec le temps, ou disparaissent. Comme cause des changements qui se produisent peu à peu au sein d'une population, il propose l'idée de la sélection naturelle[5].

Alors que Darwin se montre très prudent par rapport à l'application du principe de « survie du plus fort » à l'évolution humaine, ce n'est pas le cas de Lamarck ou de Herbert Spencer. La sélection naturelle comme facteur directeur est, dans les 100 années suivantes, théorisée par plusieurs auteurs : Ford, Dobzhansky, Fisher, Haldane, Mayr, Rensch, Simpson, Huxley Stebbins et Wright, et beaucoup d'autres. Vers 1950, cette théorie était la pensée dominante avec un degré élevé de consensus. D'après Jean-Baptiste de Lamarck (1744-1829), l'ordre naturel des êtres se caractérise par la coexistence d'espèces primitives et d'espèces évoluées. Cette coexistence résulte de la création continue des êtres les plus simples et de leur transformation progressive. Les circonstances, c'est-à-dire l'environnement, sont responsables de la diversité des espèces, car à chaque changement, elles suscitent de nouveaux besoins. En d'autres termes, la fonction crée l'organe.

Herbert Spencer (1820-1903) fait de la « survie du plus fort » la loi fondamentale du mécanisme évolutif. Spencer va exercer une grande influence sur les héritiers de Darwin et notamment sur son cousin Francis Galton (1822-1911) et sur son fils Leonard Darwin (1850-1943), qui sont tous deux à l'origine de ce qu'on appelle le darwinisme social, application étriquée de la sélection naturelle et du principe de « survie du plus fort » aux problèmes sociaux, qui conduira au « laissez-faire » sur le plan économique, à l'eugénisme sur le plan racial.

Parmi les premiers lecteurs enthousiastes de *L'origine des espèces* de Darwin, on trouve Friedrich Engels (1820-1895) qui d'emblée partage son enthousiasme avec son ami Karl Marx (1813-1888). En effet, le livre de Darwin, en donnant une explication scientifique à l'évolution naturelle, s'inscrit pleinement dans la ligne de la pensée matérialiste à partir de laquelle les deux amis tentent d'analyser le système capitaliste. Néanmoins, ils se font du souci quant à l'influence qu'exerce sur Darwin l'idéologie bourgeoise de l'époque et prennent conscience du danger que représente le darwinisme social. Dans une lettre adressée à Engels, Marx écrit : « Ce qui m'amuse chez Darwin, que j'ai revu, c'est qu'il déclare appliquer *aussi* la théorie de "Malthus" aux plantes et aux animaux, comme si l'astuce chez monsieur Malthus ne consistait pas précisément

---

[5] Darwin n'utilise pas le mot évolution dans son œuvre, puisque ce terme n'est introduit que dans les années 1870[5]. Cf. Gould (1997) : 33-37, Laurent (2001) : 17

en ceci que la théorie n'y est pas appliquée aux plantes et aux animaux, mais uniquement à l'homme — avec la progression géométrique — par opposition aux plantes et aux animaux. Il est remarquable de voir comment Darwin reconnaît chez les animaux et les plantes sa propre société anglaise, avec sa division du travail, sa concurrence, ses ouvertures de nouveaux marchés, ses "inventions" et sa malthusienne "lutte pour la vie". C'est le *bellum omnium contra omnes* [la guerre de tous contre tous] de Hobbes, et cela rappelle Hegel dans la *Phénoménologie*, où la société civile intervient en tant que "règne animal de l'esprit", tandis que chez Darwin, c'est le règne animal qui intervient en tant que société civile[5]. »

Jusqu'au début des années 1980, l'état de la recherche permettait de représenter l'évolution des hommes au Pléistocène et au Pléistocène. Le Pléistocène est la période des « Australopithèques » qui s'étend environ de 1,8 million d'années à 11 800 ans : Le Pléistocène inférieur est la période des « Homo Erectus », puis « Homo Neandertal », « Homo Sapiens » qui s'étend environ de 1,8 million d'années à 781 000 ans. Le Pléistocène supérieur est la période du début de « l'Homme primitif » qui s'étend environ de 126 000 à 11 700 ans. À partir de 11 700, c'est la naissance de l'homme moderne.

## L'origine de la théorie

Charles Darwin imaginait, sur la base de leurs ressemblances et points communs, que les espèces se succédaient dans un changement continu et régulier.

Cette théorie suppose que l'Homme actuel est issu d'une lignée d'ancêtres menant jusqu'aux animaux les plus « inférieurs ». La dernière lignée faisant apparaître les primates. Il imagina une évolution des espèces, l'homme étant un singe évolué. Il n'avait pas auparavant exclu une déchéance (le singe étant un homme déchu). L'histoire évolutive des primates conduit à l'apparition de la famille des hominidés (grands singes sans queue), qui aurait divergé de celle des hylobatidés (gibbons) il y a quelque 20 millions d'années. Puis, la sous-famille des homininés (gorilles, chimpanzés et humains) se sépare de celle des pongidés (orang-outang) il y a environ 16 millions d'années.

Charles Darwin publie sa théorie de l'évolution en 1859. Sur la base de la lecture de cet ouvrage, *L'origine des espèces*, le biologiste et philosophe allemand Ersnt Haeckel proposa, dans ce processus, un arbre généalogique continu, chaque espèce étant l'ancêtre de l'autre, du singe à l'homme dans lequel il fait apparaître un « chaînon manquant », un être intermédiaire. Cette imagination est née d'un « principe » répété à plusieurs reprises par Darwin dans son *Origine des espèces* : « Natura non facit saltum » (La Nature ne fait pas de saut). Ersnt Haeckel imagina donc un être intermédiaire « mi-homme mi-singe ». Il nomma cette créature imaginaire *Pithecanthropus alalus*. Dans son ouvrage *L'histoire de la création naturelle* paru en 1868, le nom de genre « Australopithèque » est formé à partir des racines grecques, « singe » et « homme ». Le nom d'espèce est formé sur le préfixe privatif « a- » et le *laleô*, « parler » : l'absence de langage articulé était en effet considérée, dans son imagination, comme l'une des caractéristiques nécessaires du Pithécanthrope.

La course à la recherche de ces « ancêtres intermédiaires », entre l'homme et le singe, est lancée. En 1856, dans une carrière de la vallée de Neander, en Allemagne, des ouvriers trouvent des ossements et un fragment de crâne qu'ils remettent à un passionné d'histoire naturelle, Johann Carl Fuhlrott. Celui-ci remarque immédiatement une particularité de ces ossements qui, bien qu'étant visiblement différents de ceux d'un homme actuel, en possèdent tout de même les caractéristiques. Emportés par l'obsession du « chaînon manquant » (le chaînon Néandertal), les paléontologues ne vont pas admettre immédiatement le caractère humain de l'homme auquel a appartenu ce crâne. Pour le paléontologue Marcellin Boule, Néandertal est plus proche du singe que de l'homme, « à peine sorti de l'animalité ». Ainsi des fossiles ont été découverts, avec des reconstitutions qui les présentent comme mi-hommes mi-singes. Néandertal., Cro-Magnon et homo sapiens seraient les ancêtres de l'homme, êtres intermédiaires entre singe et Homme.

La théorie de l'évolution biologique et corrélativement la survenue de l'homme comme espèce supérieure repose sur trois postulats. Premier postulat : **la lutte pour l'existence a engendré des métamorphoses physiques des mammifères, notamment l'acquisition de la bipédie, des facultés mentales.** Les plus importantes de ces adaptations sont la bipédie, l'augmentation de la taille du cerveau, la croissance postnatale ralentie et une diminution du dimorphisme sexuel (différences marquées entre les mâles et femelles). En d'autres termes, la fonction crée l'organe, l'hérédité se charge de transmettre les caractères acquis.

**Les paléontologues (comme Simpson) affirmaient, en effet, que l'on devrait voir les espèces se transformer toujours très graduellement**, et que l'on devrait donc trouver des fossiles correspondant à toutes les étapes de la spéciation. L'arrivée de Sapiens sur une terre quelconque, telle que l'Australie il y a 45 000 ans, correspond systématiquement à la disparition de nombreuses espèces, comme le tigre à dents de sabre ou le Mammouth. Les autres espèces du genre homo (dont Neandertal) n'échappèrent pas à la règle. Il y a 16 000 ans, homo sapiens posa le pied en Amérique, via la Sibérie puis l'Alaska. 2000 ans plus tard, le nouveau continent était conquis. L'Amérique du Nord perdit 34 de ses 47 espèces de grands mammifères. L'Amérique du Sud en perdit 40 sur 50.

Les noms des lieux des « découvertes » d'ossements anciens vont devenir célèbres, après que dans les décennies suivantes, les découvertes d'ossements de ce genre se seront multipliées. Jacques Boucher de Perthes publie de 1846 à 1854 les premiers ouvrages questionnant l'ancienneté des sites de fouille de Neander, montrant par la stratigraphie que les outils de pierre sont attribuables à des hommes « antédiluviens ».

Pour les partisans de l'évolution **de multiples variétés d'espèces humaines** (races multiples)[6], l'homme n'était pas classé à part des singes, mais entremêlé à eux : chaque variété de l'espèce humaine (on parlait de race à l'époque) était placée phylogénétiquement plus près d'une espèce particulière de singe que d'une autre variété humaine. Ainsi, les premières hypothèses de multiples variétés d'espèce humaine, selon les filiations avec les différents primates, proposées durant la seconde moitié du 19e siècle par le Suisse Vogt, l'Allemand Schaafhausen et les Français Hervé et Hovelacque, établissaient une filiation entre les hommes d'Asie et l'orang-outan ou les hommes d'Afrique avec le gorille et le chimpanzé. Au début du 20e siècle, les espèces fossiles dont les restes étaient plus abondants qu'auparavant, furent incorporées à ces schémas de races humaines multiples (par exemple d'une part, hommes d'Afrique, gorille et homme fossile de Neandertal et d'autre part, hommes d'Asie et d'Europe, orang-outan et homme fossile d'Aurignac). Toutefois, l'accumulation de découvertes d'hommes fossiles rendait **difficilement acceptables les conceptions d'une humanité étendue dans un ensemble généalogique plus large**

---

[6] *Polyphylétique*

et les dernières propositions d'espèces (races) humaines multiples datent du début des années 1930.

À l'instar de Piveteau, les autres paléontologues, notamment les Français, Boule, Vallois, Genet-Varcin et de Bonis, changèrent plusieurs fois d'opinions, au gré des progrès des connaissances et des découvertes de nouveaux fossiles, faisant fondre les origines temporelles et biologiques de l'homme.

Depuis les années 1980, les découvertes de fossiles anciens d'humains se sont multipliées, et avec elles, le nombre d'espèces du genre Homo Nader. Plusieurs espèces d'hommes ont existé, quelques fois dans les mêmes espaces, parfois simultanément, **sans qu'on puisse établir une filiation claire de l'une à l'autre.** Cette coexistence est notée entre -40 000 et -30 000 entre le Neandertal et l'Homo. Du même coup, l'histoire d'une chaîne évolutive de l'homme s'est progressivement effondrée. Les hommes seraient donc tous, à la fois, les enfants de Néandertal et Sapiens. *L'odyssée des gènes. 7 millions d'années d'histoire de l'humanité révélées par l'ADN* (Ed Flammarion). C'est ainsi que cette momie découverte dans un état de conservation exceptionnelle dans les glaces alpines en 1991 avait été surnommée parce qu'elle ressemblait génétiquement à des populations actuelles qu'on retrouve en Sardaigne. Le corps de cet homme de plusieurs milliers d'années était tellement bien conservé par les glaces que « pensant à un crime, le procureur local porte plainte contre x, le corps présentant des traces bleuâtres et le crâne une blessure[7]. »

En 1959, une mission paléontologique sino-russe dirigée par le Dr Chou Ming Chen découvrit dans le désert de Gobi, l'empreinte fossilisée d'une semelle striée, parfaitement régulière dans une couche de grès datant de 15 millions d'années.

L'autre énigme non résolue concerne les caractères impliqués dans la reproduction, la résilience et la survie des organismes (et éventuellement des espèces), et donc la contribution en termes de descendance. Il n'existe pas encore de chaîne opératoire de l'évolutionnisme qui permet de voir étape par étape, avec les différents avantages adaptatifs successifs, le processus d'hominisation espèce après espèce. **On n'arrive pas à voir, comme l'a rappelé le paléontologue Simpson, les espèces se**

---

[7] https://fr.wikipedia.org/wiki/%C3%96tzi

**transformer toujours graduellement**, et que l'on devrait trouver des fossiles correspondant à toutes les étapes de la spéciation.

## Le chaînon manquant laisse les chercheurs sur leur faim

Ainsi, en 25 ans de recherches, les chercheurs ont recueilli des centaines de milliers de restes de vertébrés, dont deux mille d'hominidés, mais pas le moindre reste de Panidé, du principal « chaînon manquant ». Durant le mois de juillet 2001, le paléoanthropologue Michel Brunet et son équipe font des fouilles dans une région du Tchad lorsqu'ils découvrent un crâne quasiment complet. Celui-ci, après des observations, conduit à l'affirmation d'une nouvelle espèce : *Sahelanthropus tchadensis*, une des premières espèces de la lignée humaine, d'après certains. Il est nommé Toumaï. C'est une créature mesurant environ 1 m pour à peu près 35 kg. La découverte de ce fossile a fait grand bruit dans la communauté scientifique, car si Toumaï est réellement âgé de 7 millions d'années, il remet en cause la date à laquelle on estime que le singe et l'homme ont divergé sur l'échelle de l'évolution. En outre, il met à mal la théorie d'un autre célèbre paléoanthropologue : Yves Coppens, codécouvreur de Lucy et bien connu des amateurs de documentaires télévisés (L'Odyssée de l'espèce, Homo sapiens, etc.).

Yves Coppens faisant ses fouilles en Afrique orientale (L'East Side), propose en 1982, ce qui a été appelé «*L'East Side Story*». L'évolutionnisme pose le postulat de l'origine des hommes actuels à partir d'un processus d'adaptation à un environnement hostile et de sélections naturelles. Selon l'hypothèse de Yves Coppens, il y aurait eu sélection sur place, sans aucun mouvement, en fonction d'un environnement qui se transformait lui-même, en Afrique orientale, les Panidés à l'ouest étant les descendants occidentaux des ancêtres que les hommes partagent avec eux et les hominidés étant les descendants orientaux de ces mêmes ancêtres. Ces hominidés sont caractérisés par la bipédie, un gros encéphale et des outils. Trois genres successifs qui vont se succéder en épis, vont illustrer ce Primate supérieur, Pré-Australopithecus, Australopithecus et Homo.

## La théorie n'établit toujours pas un tableau chronologique

Plusieurs espèces d'hommes auraient existé, parfois simultanément, sans qu'on puisse établir une filiation claire de l'une à l'autre. La théorie n'établit toujours pas un tableau chronologique de l'apparition ni de la durée de chaque espèce d'Homo, encore moins de la filiation de l'une à l'autre. Certaines auraient disparu sans laisser de descendants, d'autres ont fourni des populations, mais celles-ci auraient évolué de façon autonome et acquis des particularités tel qu'elles ont été rangées dans une nouvelle espèce. « Ces changements d'opinions sont bien le reflet des problèmes qui se posent pour comprendre les modalités du passage des grands singes à l'homme »[8]. Le problème principal qui se pose au paléoanthropologue concerne ainsi la définition même de l'espèce ? Comment deux espèces, supposées se succéder sur l'échelle de l'évolution, ont pu se rencontrer, ont-elles pu se reproduire et donner naissance à des individus eux-mêmes d'espèce distincte ? La question s'est posée pour *Homo sapiens* et *Homo neanderthalensis.* Les derniers néandertaliens auraient été les contemporains de l'homme moderne. Certains auteurs ont pensé qu'ils avaient pu se métisser : dans ce cas, *H. sapiens et H. neanderthalensis* auraient fait partie de la même espèce.

## Les Occidentaux et les Asiatiques ne sont pas de purs homos sapiens-sapiens (« Homme accompli »)

Dans cette logique : les Occidentaux et les Asiatiques ne sont pas de purs homos sapiens-sapiens (« Homme accompli »), mais ils ont mélangé leur patrimoine génétique avec celui de Neandertal ! Les purs homos sapiens-*sapiens*, sans mélange génétique avec Neandertal, seraient les Africains. Les Européens et les Asiatiques sont des mélanges inter-espèces ! Or une espèce est une population ou un ensemble de populations dont les individus peuvent effectivement ou potentiellement se reproduire entre eux et engendrer une descendance viable et féconde.

---

[8] Claude STOLL, *Histoire des idées sur l'évolution de l'homme*, Thèse de Doctorat de l'Université Louis Pasteur Strasbourg I Discipline : Sciences de la Vie, 2008

La définition la plus communément citée est celle du concept biologique de l'espèce énoncé par Ernst Mayr (1942) :

> « Les espèces sont des groupes de populations naturelles, effectivement ou potentiellement interfécondes, qui sont génétiquement isolées d'autres groupes similaires[9] ».

À cette définition, il a ensuite été rajouté que cette espèce doit pouvoir engendrer une progéniture viable et féconde. Il se pose ainsi un autre problème de la différence des espèces : la ressemblance, la descendance et l'interfécondité. Deux individus qui se ressemblent appartiennent-ils à une même espèce ?

## Confusion sémantique

Cette contradiction dans les définitions et les caractérisations se prolonge dans la confusion sémantique qui discrédite davantage la théorie. Si l'on suit Lecointre et Le Guyader, l'Homme est le seul représentant actuel des Hominines. Louis de Bonis, dans *La famille de l'Homme*, écrit par contre que d'une part, toutes les données, génétiques et paléontologiques, ne concordent pas pour dire que l'Homme est plus proche du Chimpanzé que du Gorille. D'autre part, il parle d'Hominidés pour le groupe (Gorille + Chimpanzé + Homme (et apparentés fossiles)), et désigne les Hommes et les fossiles de la lignée humaine par le terme Hominiens.

Des articles désignent des *hominins*, les fossiles du genre *Homo*, par exemple *Homo erectus*. Cependant, les fossiles du genre *Homo*, y compris dans les articles de Nature, pourtant rapprochés par leurs découvreurs, sont plutôt désignés par *hominids*. Dans le nouveau programme de Terminale S, en France, on introduit par ailleurs le terme d'homininé. Or dans les compléments, il est précisé que « Homo sapiens » est la seule espèce actuelle d'homininés. Pourtant, dans la littérature scientifique, on considère que les homininés regroupent les panines (et donc le chimpanzé) et les hominines (« lignée » humaine).

---

[9] *Species are groups of actually or potentially interbreeding natural populations, which are isolated from other such groups.* Ernst Mayr, Systematics and the origin of species, from the viewpoint of a zoologist, Harvard University Press, 1999, p. xxi, 334 p.

Une confusion nette dans les programmes français entre homininés et hominines.

La littérature anglo-saxonne, aussi, montre ce conflit entre les dénominations, *Hominids* ou *Hominines*, pour désigner la lignée humaine. Colin Tudge, dans *The Variety of Life* (2000), Oxford University Press (en gros un équivalent en anglais de l'ouvrage de Lecointre et le Guyader et qui inclut les fossiles), utilise le nom d'*Hominidae* (Hominidés) *sensu stricto* pour parler du seul genre *Homo* et de ses cousins immédiats, Australopithèques et consort. Par contre, Michael Benton, dans Vertebrate paleontology (2000), Blackwell donne un cladogramme équivalent à celui de Lecointre et le Guyader, avec les termes latins, et rajoute à la confusion.

La confusion est aussi totale au niveau de la classification phylogénétique : comme on passe de la Famille (Hominidés) au Genre ! Il n'est pas sûr que les termes désignés parlent d'un Homme, d'un Singe, d'un « mi-homme, mi-singe », d'un « ni homme ni singe » !

Il règne une nette ambiguïté au niveau des taxons même dans le programme de Terminale S, en France, les documents d'accompagnement et les ouvrages scolaires pour la partie lignée humaine. C'est un cas classique d'ambiguïtés sur la dénomination des groupes taxonomiques.

Classiquement, on parlait d'*Hominidés* à propos de la lignée humaine, placée en groupe-frère des Chimpanzés, et le clade (= groupe monophylétique) (Hominidés + Chimpanzé (Pan) + Gorille (Gorilla) + Orang-Outan (Pongo, parfois sorti du lot et en groupe-frère)) formait les *Hominoidés*.

En raison de la très faible différence génétique entre *Homo* (+ apparentés fossiles) et Chimpanzé, certains proposent d'appeler cet ensemble (*Homo* + Australopithèques et consort + Pan) *Hominidés*, le clade « en dessous » (*Homo* + Australopithèques), devenant alors le clade des *Homininés*.

Les contradictions dans la classification entre les institutions prestigieuses sont encore plus révélatrices. Par exemple, le fameux Toumaï, *Sahelanthropus tchadensis*, découvert en 2002, est décrit par Brunet et al. comme suit (Nature 418, 11 July 2002, 145-151) : Ordre des Primates (L. 1758) / Sous-ordre des Anthropoïdea (Mivart, 1864) / Superfamille des Hominoïdea (Gray, 1825) / Famille des Hominidae (Gray, 1825) / Sahelanthropus (gen. nov.) (nouveau genre).

Dans le lexique du CNRS[10], on ne retrouve nulle part ces concepts. Voici ce que l'on trouve sur le site du CNRS, dans le lexique du dossier consacré à l'hominisation. Il rejoint la classification de Lecointre et Le Guyader ou de M. J. Benton. *Hominidé* : famille des *Hominidae* qui englobe toutes les formes humaines présentes et passées ainsi que de façon générale, les grands singes actuels et leurs ancêtres. *Hominoïde* : famille des *Hominoidea* comprenant les hommes, les grands singes et les gibbons actuels ainsi que leurs ancêtres. Tudge : ouvrage The Variety of Life, parle des *Hominids* pour la lignée humaine, et des *Hominoïdea* pour Chimpanzé + Gorille + Homme.

Les auteurs G. Lecointre, H. Le Guyader, La classification phylogénétique du vivant, distinguent : les Hominines (*Homo* et autres Australopithèques) ; les Panines (Chimpanzé commun et Bonobo (chimpanzé nain)) ; les deux groupes constituant à leur tour les Homininés (avec accent) ; ensuite, Homininés + Gorillinés (les deux espèces actuelles de Gorilles) forment les Hominidés ; puis (Hominidés + Pongidés (= l'Orang-Outan actuel et le Sivapithèque, fossile)) constituent les Hominoïdés ; et enfin, (Hominoïdés + Hylobatidés (les Gibbons)) sont groupés dans les Hominoïdes.

En résumé, c'est le flou conceptuel total pour retracer le passage supposé du singe à l'homme…, *« Hominoïdes », « Hominoïdés », « Hominidés », « Homininés », « Hominines », «* Hominids », *« Hominoidea », « Homininae », « Homini », « Hominien »,* etc. Ces termes ne renvoient pas à la chaîne opératoire de l'évolutionnisme qui aurait permis de voir, étape par étape, le processus supposé, d'hominisation.

Au départ, l'enjeu portait sur *des représentations temporelles*. Autrement dit, ces concepts et « découvertes » ne montrent pas l'apparition des caractères en fonction du temps, le passage à la bipédie. **Mais ces similitudes classées entre les espèces ne révèlent apparemment aucune chaîne opératoire**. Ce ne sont que des « classifications des caractères partagés ». Ce n'est pas parce qu'un organisme partage avec un autre plus de caractères « évolués » qu'il est donc l'ancêtre commun, le « père ». Le groupe des Paninés regroupe Orang-Outan, Gorille et Chimpanzé, c'est-à-dire les « grands singes ». Les nouveautés évolutives ne sont pas définies, ni même d'ailleurs les états de caractères nouveaux qu'ils partagent.

---

[10] *À la recherche des origines de l'Homme*, Dossier CNRS

Quand on les « transcrit » en fonction du temps, les « vrais » ancêtres communs restent inconnus. L'ancêtre commun est le plus récent ancêtre commun à deux espèces. Par conséquent, il possède en effet une innovation évolutive. L'ancêtre commun était le premier à posséder l'innovation évolutive, alors qu'on place l'innovation avant l'ancêtre commun dans la plupart des cladogrammes présentés dans les différents ouvrages. Dans la théorie évolutive, il y a d'abord apparition d'un nouveau caractère, conduisant ensuite à une espèce donnée. Puis, du fait de l'apparition de nouvelles innovations, d'autres espèces apparaissent. Ainsi, l'innovation évolutive précède forcément l'ancêtre commun, puisqu'elle permet l'apparition de celui-ci.

Le problème principal de parvenir à une chaîne opératoire pour expliquer étape par étape, l'évolution humaine, reste entier, notamment le processus adaptatif. Il reste aussi à analyser ces « avantages » dans le processus adaptatif.

# CHAPITRE 2

## EN MATIÈRE DE LOCOMOTION ET DE RÉSISTANCE, LES RÉFÉRENCES SONT PLUTÔT LES ANIMAUX

Comment la bipédie a-t-elle pu offrir, dans le passé, un tel avantage sélectif aux individus capables de se déplacer debout, que les gènes associés à la locomotion à quatre pattes ? En matière de locomotion et de résistance, les animaux sont nos références. Les animaux, en plus d'être plus agiles, résistent dans des conditions extrêmes, de chaleur, de froid, de faim : la grenouille peut jeûner une année, le boa 28 mois et le scorpion 3 ans.

Pour échapper aux prédateurs, les animaux sont dotés de ruses inimaginables. Quand la plupart des papillons déploient leurs ailes, les prédateurs le confondent à un hibou. Ils voient des yeux d'un hibou, qui sont en réalité des dessins. Les sauterelles-feuilles américaines, et plus encore le papillon « kalima », peuvent avoir en outre sur les ailes repliées non seulement l'exacte réplique d'une feuille avec ses nervures, son pétiole et son type très précisément déterminés, mais encore sur cette fausse feuille elle-même, de fausses morsures d'insectes, une fausse fiente d'oiseau et de fausses moisissures d'une espèce recensée.

## Il est impossible de justifier l'évolution vers la bipédie par les contraintes environnementales

Il est impossible de justifier l'évolution vers la bipédie par les contraintes environnementales. Les animaux poussent des capacités physiques aux limites du croyable pour l'homme. Un scarabée peut porter sur son dos une charge égale à 850 fois son poids, le cerf-volant peut tenir 200 fois sa masse entre ses mandibules, tisse un fil 1000 fois plus long qu'elle. Un labrador à Paris peut se contenter d'une mince odeur de chaussettes dans les bottes pour localiser un individu qui se trouve à Madrid. Un guépard court jusqu'à 100 km/h, le faucon peut voler à 320 km/h, un colibri peut battre des ailes 60 fois par seconde. Une fourmi peut soulever une charge 50 fois supérieure à son poids (c'est demander à un homme de soulever une charge de plus de 5 tonnes).

La théorie de Darwin explique que l'espèce s'est suffisamment bien adaptée pour survivre. Pour Karl Popper, « dire qu'une espèce est adaptée à son environnement est presque une tautologie ». Dire qu'une espèce est adaptée à son environnement, c'est ainsi dire cette lapalissade qu'avant sa mort le roi était vivant. Il est surtout, presque impossible, avec cette lapalissade, de prédire l'évolution d'un changement particulier de l'homme. Malgré cela, où situer dans l'histoire des homininés l'apparition de la bipédie, du langage, de la fabrication d'outils ?

Le mégapode, sorte de poule, construit sur du compost en fermentation une couveuse artificielle minutieusement maintenue à la température constante de 35 degrés, même quand l'expérimentateur, à l'aide de fours, fait varier la chaleur interne de 2 degrés toutes les 2 minutes ; le mégapode creuse des bouches d'aération, colmate des brèches, élargit des sorties d'air chaud, travaille aussi sans répit, mais la chaleur interne du compost ne varie pas même de quantités infinitésimales.

Les saumons, en particulier, sont capables de reconnaître, au « goût », un nombre indéfini d'échantillons d'eaux fluviales, celui qui provient de leur fleuve d'origine. Le puffin peut rejoindre son point de départ, même transporté à 7500 km. Comment de nombreuses espèces animales parviennent-elles à connaître l'arrivée des séismes avant les sismographes ?

Le paléoanthropologue, professeur à Harvard, Daniel Liebermann[11], faisait cette remarque sur le « choix » douteux de la bipédie par la pression de sélection, un phénomène qui se traduit par une évolution des espèces vivantes soumises à certaines contraintes environnementales.

> « Il ne sera jamais possible de savoir avec certitude pourquoi la sélection naturelle a favorisé des adaptations en vue de la bipédie ».

Piotr Alexeïevitch Kropotkine (1842-1921), physicien russe, plus connu comme idéologue anarchiste, fut également officier de l'armée du tsar et attaché militaire auprès du gouverneur général de la Sibérie orientale à Irkoutsk. Darwiniste convaincu, il réalise divers voyages d'études dans l'extrême nord-est où il étudie les plantes, les animaux et l'homme. Plus tard, il retranscrit ses expériences dans un livre paru en 1902 sous le titre *L'Entraide, un facteur de l'évolution*. Partant de la théorie de l'évolution de Darwin, son expérience personnelle le conduit à une autre conclusion :

> « Je me rappelle l'impression que me produisit le monde animal de la Sibérie. [...] Sous l'impression de *L'origine des espèces, nous cherchions en vain des preuves de l'âpre concurrence entre animaux de la même espèce.* [...] Nous constations quantité d'adaptations pour la lutte — très souvent pour la lutte en commun — contre les circonstances adverses du climat ou contre des ennemis variés. [...] Même dans les régions de l'Amour et de l'Oussouri, où la vie animale pullule, je ne pus que très rarement, malgré l'attention que j'y prêtais, noter des faits de réelle concurrence, de véritable lutte entre grands animaux de la même espèce[12]. »

Cette capacité concerne tous les sens, l'odorat, le son, etc. Certains papillons pour ne pas être dévorés par leurs prédateurs émettent des odeurs identiques à celui d'un poison spécifique aux prédateurs. Les noctuelles trompent les chauves-souris qui les chassent, par des ultrasons qui absorbent ceux qu'émet le sonar de ces derniers. En matière de locomotion et de résistance, les animaux sont les références.

---

[11] L'Histoire du corps humain, 2015, Lattes

[12] P.A. Kropotkine, *L'Entraide*, Alfred Costes, Paris, 1938, chapitre 1

L'évolution de la lignée humaine est caractérisée par un certain nombre de changements morphologiques, de développements physiologiques et comportementaux qui ont eu lieu depuis le dernier ancêtre commun des humains et des chimpanzés.

Les plus importantes de ces adaptations sont la bipédie, l'augmentation de la taille du cerveau, la croissance postnatale ralentie et une diminution du dimorphisme sexuel.

# Partie 2

# Les attentes très élevées sur la génétique pour fonder ou invalider la théorie de la transformation de l'homme

# CHAPITRE 3

## LES HYPOTHÈSES ÉVOLUTIONNISTES NON VÉRIFIÉES PAR LA GÉNÉTIQUE

L'évolution de la lignée humaine serait caractérisée par un certain nombre de changements qualitatifs : taille plus élevée, bipédie exclusive, plus forte capacité crânienne. Avec la station verticale, les hommes acquièrent des fesses : le muscle grand glutéal se développe et devient le plus puissant des muscles humains, permettant de maintenir en permanence le torse en position verticale et de garder un centre de gravité stable pendant la marche et la course. L'attache du crâne se déplace, le trou occipital se positionnant sous le crâne, permettant une position horizontale de la tête. Ses outils seraient plus sophistiqués. Toutes ces théories se basent principalement sur l'adaptation à un nouvel environnement de type prairie ou savane plutôt que le type forestier précédent.

Darwin et Wallace développent l'idée de l'évolution biologique. L'acquisition de la bipédie aurait eu pour conséquence de restreindre, chez la femelle, la taille du vagin, ce qui compliqua la naissance des bébés au cerveau toujours plus important. La sélection naturelle aurait favorisé la naissance de prématurés, au cerveau encore en gestation. Voilà pourquoi le petit de l'homme, contrairement aux autres êtres du monde animal, dut se résoudre à tout apprendre et notamment à marcher. L'éducation devint le propre de l'homme, lui permettant, génération après génération, d'accumuler les connaissances.

Un des principaux objectifs de Darwin est de fonder scientifiquement le pouvoir de transformation de l'organisme pour s'adapter aux variations de son environnement dans l'espace et de léguer les acquis dans le temps. Il reste néanmoins difficile, avant l'avènement de la génétique qui permet de récupérer l'information, de faire parler l'organisme, de reconstruire le détail de l'histoire évolutive de l'organisme, et en particulier d'identifier quels facteurs exacts et quels processus précis ont pu intervenir dans l'évolution humaine. Il était impossible, en effet, de pouvoir observer une spéciation en cours. Avec la génétique, qui peut aider dans le recueil d'informations génétiques, l'attente était grande.

Comment l'usage intensif ou délaissé d'un organe modifierait-il génétiquement l'organisme (« caractères acquis ») ? Comment les gènes associés à la bipédie ont-ils pu se répandre dans toute la population humaine (« spéciation ») ? Lors de la reproduction, ce sont donc les gènes qui, transmis aux descendants, entraîneront le passage de certains caractères d'une génération à l'autre. Ce que Lamarck et Darwin appelaient « l'hérédité des caractères acquis ».

Pour que les gènes associés à la bipédie se soient répandus dans toute la population humaine, il faut des conditions. Les variations héréditaires qui confèrent un avantage sélectif doivent davantage être transmises à la génération suivante que les variations moins avantageuses : la fréquence des gènes désavantageux doit diminuer jusqu'à disparaître, les variations avantageuses doivent se répandre dans la population, jusqu'à éventuellement être partagées par tous les membres de la population ou de l'espèce.

Depuis la découverte de la capacité de l'ADN à informer sur le passé biologique de l'homme, les attentes sont très élevées pour fonder ou invalider la théorie de la transformation de l'homme ou corollairement celle des religions révélées.

# CHAPITRE 4

## L'IDENTIFICATION GÉNÉTIQUE DU DERNIER ANCÊTRE COMMUN UNIVERSEL

### Le problème à résoudre par la génétique est de savoir, dans le processus d'hominisation, quelle espèce est dérivée, laquelle a généré l'autre

Evelyne Heyer scénarise l'histoire de l'humanité à partir des ressemblances génétiques avec les populations actuelles. Heyer est professeure en anthropologie génétique au Muséum national d'histoire naturelle et Musée de l'Homme et auteure du livre *L'odyssée des gènes. 7 millions d'années d'histoire de l'humanité révélées par l'ADN* (Ed. Flammarion). C'est ainsi que cette momie découverte dans un état de conservation exceptionnelle dans les glaces alpines en 1991 avait été surnommée parce qu'elle ressemblait génétiquement à des populations actuelles qu'on retrouve en Sardaigne. « Là, on est à 300 000 ans. On a retrouvé un petit bout de l'ADN mitochondrial. Et un tout petit bout d'ADN nucléaire ». Cet ADN a pour le moins confirmé qu'il y aurait une continuité avec Néandertal. L'ADN a permis de mieux connaître cette identité commune entre les espèces différenciées, au sens paléoanthropologique. »

La science explore l'origine du vivant. « La génétique s'emploie à déterminer les caractéristiques communes à tous les organismes terriens », explique Michel Viso. L'objectif est de lever un coin de voile sur le fameux dernier ancêtre commun universel (*LUCA, pour Last Universal Common Ancestor*), les autres branches ayant été éliminées par sélection darwinienne. L'idée étant de parvenir, à terme, à définir les caractéristiques de la cellule vivante minimale. Ces théories reposent sur des ressemblances et distinction entre caractères dérivés (caractère ancestral).

Les hommes seraient donc tous, un peu, les enfants de Neandertal et Sapiens. Cette hypothèse restait en suspens jusqu'aux récents progrès de la génétique. En 2008, les études de l'ADN mitochondrial de Neandertal et du nôtre indiquaient que les hommes n'avaient décidément rien à voir avec eux... Mais en 2010, le même organisme (l'Institut Max Planck en Allemagne) étudiant cette fois l'ADN nucléaire démontre que les hommes partagent avec Neandertal 4 % de notre génome... Par ailleurs, cette dernière étude montre que le flux génétique a dû se produire il y a 100 000 ans au Moyen-Orient. Si effectivement les hommes ont du Neandertal en eux, rien ne prouve que lors de la disparition des Néandertaliens les deux espèces continuaient de se mélanger... Et dans tous les cas, cela ne peut être la cause de son extinction.

Le problème à résoudre par la génétique est donc de savoir, dans le processus d'hominisation quelle espèce est dérivée, laquelle a généré l'autre. Dans l'exemple du poisson considéré comme l'ancêtre de l'homme, la super-classe des bipèdes, l'hypothèse de départ est que la patte a dérivé de la nageoire. Mais il est difficile d'établir avec certitude que ce n'est pas l'inverse (la nageoire ayant dérivé de la patte des premiers tétrapodes) qui s'est produit. Les religions révélées évoquent quant à elles une déchéance de certains hommes, transformés en animaux. Le Coran parle de « *maskh* » qui désigne le changement de la forme humaine. Cette métempsycose est une punition. Dans le Coran, des hommes ont été transformés en singes et en porcs. Des faits évoqués au verset 65 de la sourate 2 : le Coran : « Vous avez certainement connu ceux des vôtres qui transgressèrent le Sabbat. Et bien Nous leur dîmes : "Soyez des singes abjects !" » (Sourate 2 v.65). « Dis : "Puis-je vous informer de ce qu'il y a de pire, en fait de rétribution auprès de Dieu ? Celui que Dieu a maudit, celui qui a encouru Sa colère, et ceux dont Il a fait des singes, des porcs, et de même, celui qui a adoré le Tagut, ceux-là ont la pire des places et sont les plus égarés du chemin droit" » S.5 v.60.

## Les hommes descendent d'un même parent.

La détermination de l'hominisation, l'opposition entre la théorie de l'évolution et la religion, reposait depuis lors en partie sur l'intuition. En termes d'histoire des populations, les généticiens sont capables de « faire parler » l'ADN. La génétique peut apporter des preuves scientifiques qui faisaient défaut en paléontologie avec l'annonce du séquençage complet du génome humain, au début 2001. En estimant les différences de fréquence des allèles entre les diverses populations actuelles, on peut reconstituer l'histoire génétique de l'Homme. La conclusion est que tous les hommes descendent d'une même femme, tous les hommes descendent d'un même Homme. Par ailleurs, 99,9 % de l'information génétique est la même pour tous les êtres humains. Ce sont les 0,1 % restants qui sont à l'origine des différentes couleurs des yeux, de la peau et des cheveux. Selon les scientifiques, les Hommes ont évolué à partir d'un ancêtre commun, ce qui explique le même séquençage ADN avec tous les êtres vivants.

## CHAPITRE 5

## PARTAGE DE GÈNES : L'HOMME PLUS PROCHE DU PORC QUE LE SINGE

Il existe 95 % de similarités entre l'Homme et le chimpanzé. Mais le porc est génétiquement plus proche de l'espèce humaine que le chimpanzé. Dans la pratique des évolutionnistes, quand une espèce A a en commun un nombre de caractères plus grand avec l'espèce B qu'avec l'espèce C, on considère que l'espèce A est plus proche de l'espèce B que celle de C. L'apparition des caractères n'étant pas considérée seule, la quantité de caractères communs est examinée.

La théorie que l'espèce humaine vient du singe a pour fondement que ces espèces animales actuelles et celles des découvertes archéologiques ressemblaient génétiquement à des populations humaines. Si on compare un ADN d'humain et un ADN de chimpanzé, il y a des différences. La théorie évolutionniste fixe la séparation entre le chimpanzé et l'être humain à 7 millions d'années.

Pour les transplantations d'organes, de l'animal à l'homme, on pense donc d'abord aux primates, mais le porc s'impose très vite comme donneur, vu les similitudes qu'il présente avec l'homme notamment dans les fonctions cardiaques ou rénales et la régulation de la glycémie. Pour la science, c'est la prise de conscience que les organes du porc pourraient avoir leur utilité chez l'homme. Dans les années 1920, on a découvert que l'insuline du porc était très similaire à celle de l'homme. Dès les années 1940, l'insuline de porc (et également l'insuline bovine) a donc été employée pour soigner les patients diabétiques. D'ailleurs, on tire toutes sortes de produits médicaux du porc (beaucoup plus que du singe) : l'insuline, les glandes surrénales du cochon sont utilisées, on lui emprunte des morceaux de peau… Les médecines antiques, puis arabe médiévale le savaient déjà, et la médecine contemporaine le confirme pleinement : à l'intérieur, c'est tout pareil ! À tel point qu'on sait greffer des organes porcins sur des hommes. Une truie peut même être mère porteuse d'un embryon humain le temps d'une opération chirurgicale !

Les xénogreffes, d'un animal à un humain, ne sont pas nouvelles. Les médecins ont tenté des transplantations entre espèces depuis au moins le 17e siècle, les premières expériences se concentrant sur les primates.

En 1984, un cœur de babouin avait été transplanté sur un bébé, mais la petite, surnommée « Baby Fae », n'avait survécu que 20 jours.

Les valves cardiaques de porc sont ainsi déjà très utilisées chez les humains, et leur peau peut être utilisée pour des greffes sur de grands brûlés. Des chirurgiens américains ont greffé avec succès le cœur d'un porc sur un humain. David Bennett, 57 ans, qui a reçu le cœur porcin, avait été déclaré inéligible à recevoir une greffe humaine. Une première mondiale, a annoncé lundi l'école de médecine de l'université du Maryland. L'opération a été menée le 7 janvier 2022.

En termes de ressemblances génétiques, l'espèce humaine est plus proche du porc que du chimpanzé. Eugene McCarthy fait partie de ces scientifiques qui ont émis des hypothèses les plus inattendues pour expliquer ces contradictions. Selon son hypothèse pour le moins hétérodoxe, l'homme serait le fruit d'un accouplement entre un chimpanzé et un cochon[13].

Deux espèces différentes, mais proches peuvent effectivement produire une espèce hybride. Comme, au Canada, ces coyotes blancs qui auraient des gènes de golden retrievers. Quand deux espèces différentes ont une progéniture, celle-ci devient « hybridation », selon The *Outline*. Mais ces espèces sont toujours stériles et ne peuvent générer de nouvelles espèces. Seuls les croisements entre races d'une même espèce peuvent produire de nouvelles races ; si leurs parents ont le même type et le même nombre de chromosomes. Ce qui est le cas de la chienne et du loup, mais

---

[13] The Outline nous explique ainsi que depuis les années 1980, cet ancien chercheur en génétique de l'université de Georgie n'a cessé de creuser sa théorie pour la publier enfin sur son site web en 2013.

pas de la jument et de l'âne, encore moins entre le chimpanzé et le cochon.

C'est en se familiarisant avec une méthode que les naturalistes utilisent parfois pour deviner les parents d'un hybride inconnu que McCarthy a pensé aux cochons. Le déroulé est simple. Il faut tout d'abord identifier un animal qui semble très similaire et postuler qu'il s'agit d'un des deux parents. Ensuite, il s'agit de lister les façons dont l'hybride diffère de ce parent supposé : cette liste devrait décrire l'autre parent.

Ce faisant, il a remarqué que presque tous les traits parmi la centaine de traits non-chimpanzés listée désignent les cochons –en ce compris des ressemblances frappantes au niveau des reins, des cordes vocales, des muscles du visage ou du cou. Et McCarthy de se demander :

> « Est-ce vraiment juste une coïncidence ? J'ai beau essayer de ne croire en rien, c'est difficile pour moi de ne pas croire en ça ».

McCarthy a développé sa propre version de la théorie de l'évolution, qui remplace la sélection naturelle par le « processus de stabilisation » dans lequel des événements singuliers créent des changements soudains de formes de vie qui se stabilisent après plusieurs générations et persistent ainsi, sans changer, jusqu'à l'extinction. L'hybridation en est l'événement central. Cependant, cette théorie ne peut prospérer, car les hybrides sont toujours stériles.

# PARTIE 3

# COMMENT DARWIN ET LES ÉVOLUTIONNISTES ONT COMMIS L'ERREUR À PARTIR DE COMPARAISONS

# CHAPITRE 6

# INEXISTENCE DE MUTATION ADAPTATIVE DES GÈNES

**La bipédie humaine et la locomotion des chimpanzés et des gorilles sur les phalanges des mains (*knuckle walking* en anglais) sont identiques.** Le professeur de génétique animale Chris Moran, de la faculté de Science vétérinaire de l'université australienne de Sydney, a estimé que les comparaisons générales affirmant, par exemple, que l'homme avait 98 % de gènes similaires à ceux du chimpanzé étaient trompeuses. **La banane contient par exemple environ 60 % de l'ADN humain**, mais en aucun cas, on ne pourra dire qu'un Homme et une banane se ressemblent. Parmi les animaux qui partagent une quantité importante de leur ADN avec les Hommes, on peut citer les chats et la souris. En effet, si les humains partagent 93 % de leur ADN avec les singes rhésus, **ils partagent 90 % de leur ADN avec le chat domestique d'Abyssinie et 85 % de leur ADN avec la souris.**

La quantité de matériau génétique commune avec une autre espèce dépend de ce que l'on compare, a dit M. Moran. « Les scientifiques ont découvert environ 20 000 gènes de mammifères qui codent des protéines aux fonctions fondamentalement similaires », rapporte ABC Science citant M. Moran.

L'information génétique, essentielle à la construction et au fonctionnement de la cellule, se trouve principalement dans le noyau. Elle est la même dans toutes les cellules, qui la recopient à chaque division cellulaire. L'expression de cette information est spécifique selon la fonction et le rôle de la cellule, mais cette information inutilisée reste présente. De plus, hors noyau, les mitochondries et les chloroplastes possèdent eux aussi une information génétique propre. Elle est portée par un ADN circulaire de type bactérien. » Aussi, si vous comparez la portion de l'ADN liée au codage des protéines, l'homme a beaucoup en commun avec beaucoup de mammifères ».

Les mammifères ont pour l'essentiel des gènes identiques pour des fonctions biochimiques et physiologiques similaires, et lorsqu'on les examine plus en détail, on constate que ces gènes présentent des différences, mais exercent toujours le même type de fonction, a indiqué le professeur Moran.

« C'est un peu comme la différence entre une Ford et une Holden, dans les deux cas il s'agit visiblement d'une voiture, mais dans des versions un peu différentes », a-t-il ajouté.

Dès 1975, les premières comparaisons de séquences de protéines entre l'homme et le chimpanzé avaient démontré qu'il y a de nombreuses différences entre les génomes des deux espèces, comme, par exemple, des différences dans les éléments transposables, les insertions et délétions, les variants du nombre de copies et dans certains gènes.

L'un des apports de la génétique est d'avoir révélé un paradoxe : il y a un décalage entre l'histoire des gènes, leur divergence, et l'histoire des espèces, la spéciation. Si le chimpanzé est le cousin de l'homme pour une majorité de gènes, le gorille l'est également, mais pour d'autres gènes. Se pose, alors, la question de savoir ce qui rapproche de l'humain ?

En déterminant les quantités de mutations accumulées entre les séquences d'ADN de différents individus actuels, on peut retracer l'histoire généalogique de ces séquences.

La théorie de la sélection naturelle telle qu'elle a été initialement décrite par Charles Darwin repose sur trois principes (principes et pas loi parce que non démontrés) : le principe de variation, le principe d'adaptation et le principe d'hérédité des avantages acquis. Les renseignements de l'ADN : Inexistence de variation, inexistence de mutations adaptatives, inexistence de transmission des « mutations » : tous les êtres vivants connus fonctionnent sur les mêmes bases moléculaires (ADN, ARN, protéines…) et utilisent le même code génétique. Les variations entre individus au sein d'une même espèce révèlent des différences provoquées par des mutations et des réarrangements chromosomiques occasionnels. Ces événements aléatoires, qui produisent des individus dont les gènes sont légèrement différents de ceux de leurs parents, sont rares et - comme une coquille qui se glisse dans l'impression d'un texte - plus souvent nocifs qu'utiles, et ne suffisent pas pour introduire la variabilité, source de l'évolution au sens de Darwin.

Ces erreurs, appelées mutations, ne concernant que les fonctions des gènes, n'ont de conséquences que sur un trait phénotypique (par exemple : des cheveux blonds) d'un être vivant, notamment si elles surviennent dans les régions codantes d'un gène. Le taux d'erreur est généralement très faible, de l'ordre d'une erreur de réplication sur dix à cent millions de bases répliquées, grâce à la fonction de relecture et correction d'épreuve (*proofreading*) des ADN polymérases. Ces « erreurs » n'ont rien à voir avec l'environnement, ou un système d'adaptation. L'environnement est, selon le Dictionnaire Larousse, « l'ensemble des éléments (biotiques ou abiotiques) qui entourent un individu ou une espèce et dont certains contribuent directement à subvenir à ses besoins », ou encore comme « l'ensemble des conditions naturelles (physiques, chimiques, biologiques) et culturelles (sociologiques) susceptibles d'agir sur les organisations vivantes et les activités humaines. »

Ces « erreurs » ou mutations n'ont rien à voir avec l'environnement, un mécanisme d'adaptation, un avantage évolutif. Dans la théorie, une mutation est rattachée à un avantage physiologique ou un nouveau mode de locomotion. Parmi les avantages qui expliquent l'évolution, il se distingue du point de vue physiologique, l'existence d'une ménopause chez la femme, rare chez les autres hominidés, un mode locomoteur au sol exclusivement bipède, du point de vue anatomique, un cerveau plus volumineux et une pilosité moins développée.

La condition pour qu'il y ait sélection naturelle est que les caractéristiques puissent être transmises à leur descendance. Or certains caractères, comme le bronzage ou la culture, ne dépendent pas du génotype, c'est-à-dire l'ensemble des gènes de l'individu.

Cette modification ne peut pas être le résultat de la sélection naturelle, car la transmission au niveau des ADN des caractéristiques acquises n'est pas possible. Entre autres exemples, des organes mutilés ne font pas l'objet d'une modification génétique. Quelle que soit l'adaptation d'un animal individuel à son environnement, que cette adaptation soit apprise ou physiologique, les adaptations acquises ne peuvent se transmettre à la descendance par voie génétique. C'est une notion largement acceptée parmi les biologistes. Cependant, si l'information peut se transmettre de parent à enfant par imitation et par imprégnation, cette imitation ne peut pas être à l'origine de la production d'un nouvel organe dans un corps animal. D'ailleurs, des animaux peuvent se copier l'un l'autre du simple fait de la facilitation sociale.

L'impossibilité de transmettre dans l'ADN les traits acquis par expérience est admise par les biologistes. Il est avéré scientifiquement l'impossibilité de la transmission par l'ADN (des modifications génétiques) des caractères acquis. On peut, en effet, prouver **l'impossibilité de l'hérédité de caractères acquis.** Car l'information des codes se transmet uniquement de l'ADN aux protéines via l'ARN et ne remonte jamais dans le sens inverse.

Ainsi, ce qui fait le corps de l'humain échappe aux lois de l'évolution selon l'information fournie par l'ADN. Ce qui s'en éloigne est une dérive. Le génotype de chaque individu est le résultat de la combinaison aléatoire au moment de la fécondation d'une partie du génotype de chacun de ses parents. Du point de vue génétique, les variations héréditaires changent uniquement à cause du hasard, impossible à prévoir, on parle de dérive. La dérive génétique est causée par des événements aléatoires et imprévisibles, comme l'impossibilité de prédire le spermatozoïde, parmi tant de milliards, qui va féconder l'ovule dans le cas d'une reproduction sexuelle.

Lors de la reproduction sexuée, la transmission des caractères (notamment des allèles) comporte une grande part de hasard due à la recombinaison pareille et au brassage génétique. Ainsi, on observe une variation aléatoire des fréquences alléliques d'une génération à l'autre. La dérive génétique génère donc une composante aléatoire dans l'évolution des populations.

Les modifications génétiques sont aléatoires : ce n'est pas l'environnement qui « dicte » quel gène doit muter, mais bien le hasard. C'est pour cela qu'on observe dans les populations beaucoup de variations inadaptées au milieu de vie (par exemple, les maladies génétiques rares). Une erreur courante consiste à croire que les modifications génétiques sont une conséquence de la sélection naturelle.

Ces mutations sont dues au « hasard ». Au sein de la communauté scientifique, le débat concernant les théories modernes de l'évolution se porte donc sur le rôle que joue le « hasard » (la dérive génétique produisant la diversité des caractères) par rapport à la sélection naturelle.

Malheureusement aussi, pour cette théorie, dans la réalité, les mutations observées ne sont pas adaptatives, et même pas reproductives. Elles sont même souvent mortelles. La plupart du temps, elles perturbent gravement le fonctionnement de l'organisme mutant. Une énorme partie des mutations est neutre, ne procurant ni avantage ni handicap, et une autre partie importante est handicapante. Les mutations procurant un avantage sont inexistantes.

# CHAPITRE 7

## DÉCOUVERTE DES GÈNES CONTRÔLANT LE DÉVELOPPEMENT DES MEMBRES

Dans l'histoire supposée évolutive du vivant, qui correspond à l'*ajustement fonctionnel progressif de l'être vivant au milieu,* les organismes auraient acquis et transmis des traits biologiques nouveaux, L'histoire de cette évolution supposée débute par les bactéries au cours de la période qui s'étend de −541 à −252,2 millions d'années[14], par la flore puis la faune jusque-là essentiellement marine, à un mode de vie terrestre. Dans l'histoire évolutive du vivant, la sortie des eaux à la conquête des continents, appelée *terrestrialisation*[15], se serait faite autour de −4 000 millions d'années. Dans ce processus d'*appropriation de l'organe à sa fonction,* un caractère est qualifié venant de l'ancêtre supposé[16], s'il n'est plus présent, ou s'il s'est modifié par la suite, chez des espèces supposées en descendre. Cet état de caractère s'est transformé en un nouvel état. Ainsi, chez les tétrapodes (reptiles, oiseaux, mammifères) le caractère « 4 membres locomoteurs » est un caractère

---

[14] Paléozoïque.

[15] L'Archéen.

[16] Homologie de l'ancêtre supposé ou plésiomorphe chez une espèce au sein d'un taxon (taxon : unité de classement à la base de la systématique. L'espèce, le genre, l'ordre ou la classe).

supposé de l'ancêtre poisson. Les deux nageoires situées de chaque côté du corps et les deux nageoires ventrales qui sont les membres postérieurs ou inférieurs des poissons, correspondant aux jambes de l'homme. Par exemple, certains poissons ont depuis longtemps quatre « nageoires paires » qui sont un caractère de l'ancêtre supposé[17]. Les pattes des tétrapodes sont des « membres pairs » mais ne sont plus des nageoires,

Par rapport au serpent, ces membres sont supposés avoir régressé jusqu'à disparaître. Dans l'exemple, tous les poissons à mâchoires actuels ont toujours le caractère de l'ancêtre supposé « nageoires paires ». Un caractère de l'ancêtre supposé n'est donc pas synonyme de caractère disparu puisqu'il peut s'être maintenu dans de nombreuses lignées.

La présence du caractère de l'ancêtre supposé « nageoires paires » peut être aussi qualifiée de caractère dérivé, par rapport à un caractère encore plus ancien de l'ancêtre supposé : l'absence de membre. Un caractère de l'ancêtre supposé est un caractère qui n'a pas subi de modification au cours de l'évolution.

Ce caractère homologue n'a donc pas été conservé depuis le premier ancêtre du groupe le présentant (exemple : « membres pairs » ci-dessous, caractère plésiomorphe), mais a pu évoluer chez des espèces qui descendent du poisson (ce caractère est conservé chez le poisson)[18].

Ce schéma de base aurait subi de très nombreuses variations en relation avec l'adaptation à divers modes de locomotion des tétrapodes (vol, nage, saut, course, fouissage…). Autres caractères dérivés propres : conduit lacrymal entre œil et sac nasal ; tête séparée du reste du corps par un cou ; os hyomandibulaire de la mâchoire passant dans les os de l'audition ; première vertèbre cervicale devenant l'atlas.

Cependant, cette théorie pose un problème scientifique, car la mutation des membres n'est pas adaptative, selon les nouvelles découvertes génétiques. Ces mutations sont d'ailleurs fatales.

Selon des recherches publiées dans le magazine *Nature*, les mains et les bras de l'homme doivent leur asymétrie aux gènes architectes HOX qui commandent la structure du tronc principal de son corps. Les gènes HOX font partie des gènes homéotiques (non adaptatifs) et

---

[17] Plésiomorphie.

[18] Le terme « poisson », utilisé dans cet exemple pour illustrer la notion d'apomorphie, est pris au sens de la super-classe.

sont présents chez tous les animaux à symétrie bilatérale. Ces gènes sont responsables de la mise en place des structures (cellules, tissus, organes et membres) le long de l'axe antéro-postérieur (devant-derrière) des animaux.

Étant des gènes homéotiques, leur mutation entraîne l'apparition d'un organe ou d'un membre bien formé mais situé à un endroit anormal. L'exemple d'homéose le plus connu est celui de la mutation *antennapedia* chez la drosophile (mouche). Elle provoque l'apparition de pattes à la place des antennes sur la tête des mouches mutantes.

Visiblement, il y a des gènes suffisamment importants pour ne pas avoir changé depuis l'origine des temps. Notamment les gènes permettant la réparation de l'ADN, qui existent aussi chez les bactéries. Ce qui n'est pas explicable actuellement, ce sont les mécanismes génétiques qui ont permis des révolutions comme l'apparition des vertébrés, par exemple.

Tous les êtres vivants ont un code génétique. Tous les loci de cette chaîne moléculaire ont un rôle spécifique. Le « texte » de l'histoire H4 est le même, pendant plus d'un milliard d'années. Il existe un gène très connu, celui de l'histoire H4, un peptide composé de 306 acides aminés dont la tâche est de rendre compacts les brins d'ADN dans le noyau des cellules. Ce qui contredit la théorie évolutionniste.

La génétique, qui suscitait tant d'espoir, porte un coup à la pensée évolutionniste qui dominait l'ensemble de la pensée au milieu du 20e siècle. Le déchiffrage de la structure de l'ADN, base chimique du gène, et celui des mécanismes qui interviennent dans l'héritage et la traduction du génotype (ensemble des gènes d'un organisme) dans les structures protéiques, à la base du phénotype (l'apparence d'un organisme), seront décevants pour la pensée unique. Le principe d'hérédité génétique des avantages acquis s'est effondré avec la génétique.

Comment des « erreurs », extrêmement rares, non transmissibles et d'ailleurs mortelles n'arrivent plus à être vues comme des « améliorations » dans l'explication des mutations génétiques ?

Claude Stoll :

« Qu'est-ce qui nous fait humain ? Cette question est très complexe. Bien que les 2 génomes de l'homme et du chimpanzé soient très similaires, il y a quelque 35 millions de nucléotides différents, 5 millions d'indels et de nombreux réarrangements chromosomiques à prendre en considération. La plupart de ces modifications n'auront pas d'effet biologique significatif, si bien que l'identification des différences génomiques entraînant des caractéristiques d'humanisation telles qu'une grande capacité crânienne, la bipédie et un développement cérébral avancé demeure une tâche décourageante.[19] »

[19] Claude STOLL, *Histoire des idées sur l'évolution de l'homme*, Thèse de Doctorat de l'Université Louis Pasteur Strasbourg I Discipline : Sciences de la Vie, 2008

# CHAPITRE 8

# LES ÉVOLUTIONNISMES DE REMPLACEMENT

L'idée selon laquelle la sélection naturelle ne se fait pas uniquement au niveau du gène, mais également au niveau du groupe, comme l'avait suggéré Wynne-Edwards, fut remise à l'ordre du jour par l'excentrique George Robert Price (1922-1975). Il finit par sombrer dans une profonde dépression qui le poussera à se suicider. C'est son ami Hamilton qui plus tard, décide de traduire son approche mathématique dans ce qu'on appelle l'équation Hamilton-Price, qui se trouve à la base de la théorie de l'évolution sociale. Cette équation exprime que, lorsque le nombre d'altruistes est élevé dans un groupe, ce groupe grandit malgré la perte de reproduction chez les altruistes pour autant que l'altruisme se propage dans le groupe.

William Donald Hamilton (1936-2000) traduit la sélection parentale dans une formule mathématique ($rB > C$) où r est le coefficient d'apparentement entre l'acteur et le bénéficiaire, B la somme des bénéfices pour tous les individus affectés par le comportement, C le coût pour l'individu effectuant l'action. Robert Ludlow Trivers (né en 1943) va plus loin en exprimant l'altruisme réciproque en termes génétiques. Selon lui, « chaque individu a des tendances altruistes et des tendances de tricheur, dont l'expression est sensible aux variables de développement, et qui sont sélectionnées pour un équilibre adaptant ces variables aux environnements sociaux et écologiques locaux.[20]» Ce réductionnisme va déboucher sur la théorie aberrante selon laquelle tous les organismes sont des vases passifs dont le rôle est de transmettre le matériel génétique, comme décrit dans *The Selfish Gene* (le gène égoïste) de Richard Dawkins (1971) et dans *Sociobiology* d'Edward Osborne Wilson (1975) dont le premier chapitre traite de « la morale du gène ».

Une théorie évolutionniste (« la sélection naturelle »), basée sur les variations aléatoires du génome, est remise à l'ordre du jour. La théorie synthétique a été élaborée dans les années 1940, notamment par Theodosius Dobzhansky et Ernst Mayr. *La théorie synthétique de l'évolution* (ou TSE) est une théorie darwinienne de l'évolution basée sur la sélection naturelle de variations aléatoires du génome. Elle est aussi appelée synthèse néodarwinienne, théorie néodarwinienne de l'évolution ou plus simplement néodarwinisme L'idée de mécanismes cellulaires associés à la sélection de gènes est rejetée dans la théorie dite synthétique. Excluant la possibilité de transmission des caractères acquis, orientation que Darwin tenta d'anticiper en reprenant l'hypothèse de la pangenèse dans son traité de la variation 4, cette synthèse ne retient donc comme mécanismes acceptables de l'évolution que la sélection naturelle de mutations aléatoires du patrimoine génétique.

Vers 1870, le célèbre théoricien de l'orthogenèse Theodor Eimer concédait déjà que la variation de la couleur des yeux chez les insectes n'avait rien de nature adaptive.

Les traits communs* : dans une famille même élargie, il existe des traits communs entre les individus, certains traits sautant même une ou plusieurs générations. Plus l'individu est génétiquement proche d'un autre, plus il lui ressemble. Ces similitudes appelées « synapomorphies » s'appliquent à tous les organismes vivant sur Terre. **Mais ces similitudes ne présentent apparemment aucun avantage sélectif**.

## La modification par la « dérive génétique » n'est pas favorable à l'adaptation des espèces

En principe, l'état dérivé présente plus de complexité que l'état ancestral. Les innovations évolutives sont plus rares, donc on admet

[20] Université marxiste – *Marxistische universiteit*

prioritairement l'hypothèse qui suppose le moins d'innovations. Dans les simulations numériques ci-contre, avec une population de 10 individus, sur les 20 essais : 12 essais aboutissent à une disparition de l'allèle (la fréquence atteint 0) ; 5 essais mènent à une « fixation » de l'allèle qui remplace les autres allèles (la fréquence atteint la valeur maximum 1) ; dans les 3 autres essais, tous les allèles sont conservés.

Dans la majorité des cas (17 sur 20 cas), la dérive génétique aboutit donc à une baisse de la diversité génétique ce qui n'est pas favorable à l'adaptation des espèces à un changement du milieu.

Dans une population plus grande (100 individus), un allèle ne se fixe que dans 2 cas sur 20 seulement. On peut en conclure que plus une population est petite, plus les effets de la dérive génétique sont importants, et plus la diversité génétique dans la population sera menacée.

## Limiter l'organisme à « des gènes dans un individu » est donc une contradiction

L'idée que la sélection naturelle peut jouer uniquement sur un individu est battue en brèche par Wilson et Sober, qui donnent à la notion d'individu ou d'organisme biologique une définition plus scientifique. Selon eux, la définition des termes « individu » et « organisme », dont l'emploi est équivoque dans la biologie évolutionniste, doit être renforcée. Un organisme, contrairement à un individu, est une « forme de vie composée d'éléments interdépendants soutenant les différents processus vitaux ». Ce qui est important dans cette définition, c'est l'accent mis sur l'organisation fonctionnelle d'un organisme. En ce sens, les gènes dans les individus, les individus dans le groupe ou les espèces dans la communauté sont tous des organismes sur lesquels la nature peut effectuer une sélection. Limiter l'organisme à « des gènes dans un individu » est donc une contradiction.

## Un individu dans un groupe ne peut apporter les avantages adaptatifs de son groupe à toute la communauté

On peut étudier la sélection naturelle à différents niveaux et voir lequel de ces niveaux a le plus d'impact dans la sélection. Cela permet d'étendre à d'autres niveaux de sélection les équations mathématiques employées en génétique des populations pour déterminer la fréquence des gènes en fonction de l'avantage adaptatif de ce gène pour l'organisme et d'ainsi examiner comment un individu dans un groupe peut apporter les avantages adaptatifs de son groupe à toute la communauté. Se basant sur la définition élargie d'organisme, le biomathématicien Martin Nowak (né en 1965) va formuler mathématiquement certains phénomènes comme la sélection parentale, l'altruisme réciproque (si tu me grattes le dos, je gratte le tien), l'altruisme indirect (je vois que tu grattes le dos de quelqu'un, je vais donc te gratter le dos en espérant que tu gratteras le mien), l'altruisme de réseau (des voisins altruistes forment un réseau de plus en plus solide en s'unissant et en excluant du réseau les non-altruistes), et la sélection de groupe (un groupe où domine la coopération a de meilleures chances de survie qu'un groupe où la coopération n'existe pas).

Selon Nowak :

> « Les deux principes fondamentaux de l'évolution sont la variabilité et la sélection naturelle. Mais l'évolution devient constructive grâce à la coopération. De nouveaux niveaux d'organisation se développent lorsque les entités en lutte au plus bas niveau commencent à coopérer. La coopération permet la spécialisation et favorise ainsi la biodiversité. La coopération est le secret qui se cache derrière l'indétermination du processus évolutif. L'aspect peut-être le plus remarquable de l'évolution est sa capacité à engendrer de la coopération dans un monde compétitif. On peut donc ajouter la "coopération naturelle" comme troisième principe fondamental de l'évolution, à côté de la variabilité et de la sélection naturelle. »

Pour prouver expérimentalement la théorie de l'hérédité de Darwin, chaque facteur héréditaire porté par les gènes doit être transmis à la descendance. La validité de la théorie de l'évolution va dépendre de la découverte d'une hérédité. Les gènes doivent être ouverts à des changements, selon les recombinaisons, dites lois de Mendel, pour développer la variabilité, supposée par Darwin dans sa théorie de l'évolution. La distribution et la fréquence des gènes au sein d'un groupe donné de la population peuvent être expliquées par une nouvelle discipline scientifique (la génétique des populations).

Ronald Aylmer Fisher (1890-1962) est un des fondateurs de cette discipline. Il explique dans son livre *The Genetical Theory of Natural Selection* que, dans les grands groupes de population, les changements génétiques sont minimes et exceptionnels pour influencer la sélection naturelle et sur le long terme. Le seul facteur sur lequel la sélection naturelle peut exercer son influence est « l'eugénisme ». Dans le dernier chapitre de son ouvrage, il extrapole et décrit la nécessité de l'eugénisme, politique active selon laquelle on devrait empêcher « les moins aptes » d'avoir des enfants, et cela parce que « l'élite » a tendance à en avoir moins. Cette politique va être suivie à l'extrême par le régime nazi qui exterminera les « races inférieures » et mettra en place le programme Lebensborn, à savoir la saillie de jeunes Aryennes par les officiers SS faisant office d'étalons, l'objectif étant de préserver la pureté de la race aryenne.

John Burdon Sanderson Haldane (1892-1964) est l'un des fondateurs de ce qu'on appelle aujourd'hui le néodarwinisme. Le fait qu'il passe de biologiste à généticien, et non à statisticien comme Fisher, explique qu'il a une approche plus nuancée lorsqu'il combine la théorie de la sélection naturelle de Darwin à la génétique de Mendel. Selon lui, la sélection naturelle est la cause première de la variabilité dans un groupe de population. Il intitule son livre *The Causes of Evolution* pour mettre en évidence le fait que d'autres facteurs ont pu jouer un rôle. Il s'oppose également à l'idée que seuls les changements adaptatifs passent le filtre de la sélection naturelle et démontre au contraire que des traits de caractère qui ne sont pas adaptatifs peuvent être transmis. Il est, en outre, le premier à se demander comment l'altruisme, caractéristique qui nuit à l'organisme individuel au profit du groupe, a pu subsister en tant que trait de caractère mendélien.

Il en arrive à la déduction suivante : « Les avantages biologiques du comportement altruiste ne l'emportent sur les inconvénients que si une partie suffisamment grande du groupe a un comportement altruiste… Si chez l'homme on a communément des gènes qui favorisent un comportement biologiquement désavantageux pour l'individu […] mais avantageux pour la communauté, ces gènes ont dû se propager au moment où l'homme était divisé en petits groupes endogames[16]. » Les données les plus récentes sur l'apparition de l'homme indiquent justement que ces groupes sont à l'origine de l'*Homo sapiens*. Haldane a également été le précurseur de la notion de sélection parentale (*kin selection*). Avec sa célèbre réflexion « Je suis prêt à me jeter à l'eau pour deux de mes frères ou huit de mes cousins », il veut montrer que le nombre de gènes dans l'apparentement serait décisif pour un comportement altruiste[17].

## Les néo-évolutionnismes

La théorie de la dérive génétique ampute aussi à l'évolutionnisme son fondement : « la Pression » du milieu qui permet l'adaptation de l'espèce à son environnement. Pour Whyte, « La théorie synthétique était une théorie nécessaire mais pas suffisante des facteurs directeurs en évolution »[21].

Les processus biochimiques et physiologiques, de même que le comportement psychologique et social, sont maigres pour fonder la théorie. Des auteurs cherchent à contourner le problème génétique avec d'autres théories. Tout en respectant les fondements énoncés par Darwin, la théorie prend des directions inédites. Ainsi, pendant des années, de plus en plus de biologistes proposent de remplacer le paradigme qui a dominé la théorie de l'évolution dans la seconde moitié du XXe siècle, la « théorie synthétique de l'évolution », par ce que Eva Jablonka appelle, en accord avec Marion J. Lamb, un « nouveau darwinisme »[22].

Or, pour Johan Hoebeke :

> « Plus on en apprend sur les mécanismes évolutifs, plus il est manifeste que la coopération a joué un rôle aussi important, voire plus important, que la compétition dans l'apparition des formes de vie complexes telles que nous les connaissons aujourd'hui. (...) Aujourd'hui, cette notion de coopération se trouve à nouveau sur le devant de la scène suite à l'accumulation de données scientifiques provenant de disciplines diverses comme les mathématiques biologiques, la génétique moléculaire, la biologie cellulaire, les études sur le comportement des animaux, les études ethnologiques et

[21] White TD. Animal cytology and evolution. Cambridge, MA, Cambridge University Press. 1945

[22] Eva Jablonka, « *Le darwinisme évolue aussi* », La Recherche, Avril 2006

anthropologiques et les études sur le développement psychologique de l'enfant »[23].

Selon la biologiste Lynn Margulis, les partisans de la théorie standard « vautrés dans leur interprétation de Darwin du point de vue de la zoologie, du capitalisme, de la compétition, des coûts-bénéfices - ont complètement faussé sa pensée. Le néo-darwinisme, qui insiste sur l'accumulation lente de mutations par la sélection naturelle au niveau du gène, est une théorie de trouillards.[24] »

Elle formule par la suite une théorie expliquant comment les interactions symbiotiques entre organismes provenant souvent de différents phyla ou règne sont le moteur de l'évolution. Sa théorie, basée quasi exclusivement sur la coopération entre organismes[25]. La vie ne serait plus une guerre universelle, comme l'écrit Tennyson, *de « nature, rouge de dent et de griffe »*[26].

Selon sa théorie endosymbiotique, ou hypothèse de l'endosymbiose, les processus résultant en l'apparition de nouvelles formes de vie à partir de symbioses, ou plus généralement synergies, entre formes de vie existantes, sont un moteur primordial de l'évolution, en particulier de sa complexification, et à l'origine de l'émergence des cellules de tous les organismes multicellulaires, dont l'espèce humaine. Son livre, *Origin of Eukaryotic Cells*, parle de cette pluralité de l'individu (supra organisme). Le thème sous-jacent de cette théorie endosymbiotique, comme formulée en 1966, était l'interdépendance et la coopération de multiples organismes[27].

Cette théorie existait déjà, sans qu'elle ne fasse l'objet d'un intérêt. Plus de cent ans auparavant, en 1883, le botaniste allemand Andreas Schimper résumait ainsi l'endosymbiose : « Peut-être une plante verte

---

[23] Johan Hoebeke, *Brève histoire de la notion de coopération dans l'évolution biologique ; https://marx.be/etudes-marxistes/breve-histoire-de-la-notion-de-cooperation-dans-levolution-biologique*

[24] Mann, C. (1991) *Lynn Margulis: Science's Unruly Earth Mother*, Science, 252, 378-381

[25] Margulis, Lynn, ed, 1991, *Symbiosis as a Source of* Evolutionary Innovation: Speciation and Morphogenesis, The MIT Press

[26] Cf. Johan Hoebeke, op. cit.

[27] Organismes procaryotes : un organisme en phogocytant un autre, les deux survivant et évoluant durant des millions d'années au sein de cellules eucaryotes.

n'est-elle que l'union entre un organisme incolore et un microbe possédant des pigments chlorophylliens. » !

Malgré quelques différences, un mécanisme ressemblant à ce processus hypothétique de l'endosymbiose semblait être observé chez les bactéries et les organites endosymbiotiques. Mais les microbiologistes de l'Institut Pasteur en France considéraient que les microbes sont surtout pathogènes, et qu'ils ne peuvent occuper un tissu sain ni contribuer au fonctionnement cellulaire « normal ». Mais déjà au début du XX$^{e}$, la théorie endosymbiotique faisait l'objet de rejet scientifique : elle ne prédisait donc rien de vérifiable, et semblait même buter sur le réel. C'était une intuition que la science d'alors ne parvenait pas à manipuler. D'autant que l'émergence de la théorie chromosomique de l'hérédité minorait l'idée d'une autonomie des plastes et des mitochondries, au profit du noyau cellulaire. « Le cytoplasme peut être ignoré génétiquement », déclara même le généticien américain Thomas Morgan en 1920.

Dans son édition de 1925, le manuel de biologie cellulaire d'Edmund Wilson, grand classique américain, donnait une idée du climat de défiance, en indiquant que la théorie endosymbiotique était « parfaitement infondée » et que « (…), de telles spéculations peuvent paraître trop fantaisistes pour être abordées dans une société de biologistes respectable (…). »

Et comme l'admet Philip Ball dans son commentaire, il faut reconnaître qu'on ignore toujours comment fonctionne l'évolution au niveau moléculaire et encore plus au niveau de l'individu ou de l'espèce. Comment peut-on alors prétendre comprendre le comportement psychologique et social par la connaissance du génome ?

Il est admis que : 1) La bipédie n'a pas offert, dans le passé, un tel avantage sélectif aux individus capables de se déplacer debout, que les gènes associés à la locomotion à quatre pattes. 2) Les gènes associés à la bipédie ne peuvent pas se répandre dans toute la population humaine par la sélection naturelle. 3) L'usage intensif ou délaissé d'un organe chez un animal en développement ne modifie pas génétiquement cet organe.

# CHAPITRE 9

## COMMENT « L'AVANTAGE SÉLECTIF » FICTIF DE LA BIPÉDIE A FONDÉ LA THÉORIE DE « SURVIE DU PLUS APTE »

Depuis Darwin, on pense que les premiers hominidés ont émergé avec la sécheresse dans un milieu de savane. C'est toujours la bipédie qui est le premier caractère qui apparaît dans l'évolution humaine. Pour Wood-Jones (1948), c'est l'acquisition de la bipédie ou la posture orthograde qui sépare les humains des autres primates entraînant une série de changements tels que la libération des mains, l'augmentation de la boîte crânienne et la possibilité de fabriquer des outils. La bipédie acquise par la sélection naturelle aurait permis une libération des membres avant, donc progressivement la manipulation d'outils, simultanément à la marche.

La bipédie n'est pas le propre des hommes. Elle est largement répandue chez certains marsupiaux, tels que les kangourous et les rats-kangourous, même si ces animaux utilisent deux pattes ainsi que leur queue comme points d'appui lorsqu'ils se tiennent érigés. Les primates et quelques autres espèces de mammifères, telles que le pangolin géant, adoptent occasionnellement la bipédie posturale et pour de courts déplacements.

Une forme de bipédie tout à fait singulière a également été observée chez des espèces de pieuvres. Ces animaux semblent marcher au fond de l'eau sur deux de leurs tentacules, les autres étant repliés pour tromper les prédateurs en simulant l'apparence d'algues ou de noix de coco.

Dans certaines circonstances, des animaux habituellement quadrupèdes peuvent aussi adopter une station bipède. Le suricate et certains chiens de prairies américains, les marmottes, les ours, peuvent se tenir ou se déplacer debout de manière prolongée. Le lézard Jésus-Christ ou basilic est susceptible de courir sur l'eau sur ses pattes arrière sur de courtes distances.

La main avec le pouce. Le pouce est un doigt différent des autres ; non seulement par son positionnement différent (opposable aux autres doigts), mais aussi par une phalange absente. Longtemps vue comme un attribut spécifique à l'homme, ce qui expliquerait ses capacités, la préhension (du latin *prehensio*) est d'abord la faculté ou l'action de saisir des proies ou autres objets avec la main, et donc son habileté singulière. Cette dernière est en réalité commune à tous les primates. En revanche, parmi ceux-ci, seuls les humains ont perdu le gros orteil opposable du pied, en raison de la bipédie.

En règle générale, l'évolution de la lignée humaine est rapportée à un changement de mode de vie lui-même consécutif à un changement climatique global, à savoir le passage d'une vie en milieu forestier à la vie dans la savane. Dans cette perspective, Yves Coppens a proposé en 1982 ce qui a été appelé « l'East Side Story ».

L'ancêtre de l'homme aurait appris à marcher parce que la forêt reculait au profit de la savane (théorie de l'East Side Story) dans l'Afrique de l'Est. Mis à part le fait qu'il n'y aurait plus eu d'arbres sur lesquels grimper, la station debout aurait alors eu de multiples avantages : surveillance du territoire au-dessus des hautes herbes ; meilleure régulation de la température du corps, la position debout présentant moins de surface au soleil et plus de surface au vent ; l'absence de pilosité serait également apparue pour aider à la régulation de la température (moins de couverture pour le corps) ; Transport d'outils et/ou armes, imposé par le nomadisme de la vie de savane (*Hypothèse de la Main Outil*) : la mâchoire chez l'homme ne suffit plus à transporter la nourriture et à la mettre à l'abri comme chez certains félins.

Certains arguments ont été avancés contre cette théorie : si les traits distinctifs des humains viennent de l'adaptation à la savane, on devrait trouver au moins certaines de ces adaptations chez d'autres mammifères de la savane. Cependant, on n'en retrouve aucune parmi ceux-là, même chez les supposés descendants d'ancêtres communs, comme les vervets, les babouins ou d'autres. Aucune évolution, vers une absence de pilosité pour réguler la température du corps, n'a été notée dans aucun animal de la savane : les poils fournissent au contraire une protection contre le soleil. Ils sont essentiels pour les primates, quel que soit leur environnement : les jeunes en bas âge s'accrochent à eux pendant que leur mère vaque à ses occupations.

Une autre réfutation est que la position debout en zone découverte fragilise davantage face à d'éventuels prédateurs à moins que la taille des premiers hominidés ne dépasse pas celle des herbes de la savane.

## Les animaux qui peuvent se tenir debout, n'en trouvent pas l'avantage

Une autre objection est que les animaux qui peuvent se tenir debout, n'en trouvent pas l'avantage. Les chimpanzés qui passent moins de 2 % de leur temps debout à l'âge adulte, le font principalement dans les arbres pour se nourrir, selon une étude réalisée par Kevin Hunt et publiée dans les années 90 (61 % des bipèdes sont arboricoles et 39 % sont terrestres).

Les recherches ayant porté sur la course ont permis de montrer que certaines structures ou fonctions physiologiques ne procurent un avantage sélectif que pour la course, et ne sont pas utilisées lors de la marche.

La marche et la course reposent sur des principes biomécaniques différents où le centre de masse bascule d'un côté sur l'autre (pendue inversée), pendant que les jambes tendues alternent à chaque pas une transformation entre énergie cinétique et énergie de gravitation2.

De son côté, la course fonctionne sur le modèle d'un système masse-ressort. Quand la vitesse est suffisamment grande, ce système élastique demande un moindre coût énergétique que celui du pendule inversé pour un déplacement donné. Inversement, un tel système élastique ne présente pas d'avantage particulier pour la marche.

Bien que le système mase-ressort soit donc plus favorable à grande vitesse, il implique aussi de plus grandes forces de réaction au sol que ne le fait la marche2, et est moins stable parce qu'il provoque des mouvements des membres et des oscillations verticales du tronc. À l'inverse, le centre de gravité du corps se déplace beaucoup moins lors de la marche, ce qui en fait une allure intrinsèquement plus stable.

Le seul avantage de la bipédie et de la transformation squelettique pour la course à la nourriture serait lié à la course de fond ! Se déplacer en courant permet d'accéder à des carcasses distantes, ou toute autre source de nourriture, plus rapidement que d'autres charognards ou d'autres concurrents. L'article de 2004 de Daniel Lieberman avec Dennis Bramble, *« Endurance Running and the Evolution of the Genus Homo »*, proposait que les humains évoluent pour parcourir de longues distances pour récupérer et chasser. Ses recherches sur la course en général, en particulier la course pieds nus a été popularisée dans le best-seller de Chris McDougall *Born to Run.* Lieberman est un marathonien passionné, souvent pieds nus, ce qui lui a valu le surnom de « Professeur pieds nus ».

L'idée que la chasse à l'épuisement (chasser la proie jusqu'à ce qu'elles soient épuisées et qu'ils puissent marcher jusqu'à elles et les tuer) et la recherche de nourriture aient réellement pu constituer un avantage sélectif est peu crédible.

Le mode de vie dans les zones arborées ne portait pas d'ailleurs à un tel comportement. D'autre part, d'après les témoignages archéologiques, si les proies à sabots ont été la principale proie, étant donné leur grande vitesse de course, il leur aurait été facile de distancer des Homo primitifs.

La présence d'arbres dans cet environnement aurait réduit la visibilité et donc la capacité de suivre à vue le gibier. L'avantage invoqué pour une course d'endurance est la capacité d'arriver sur une ressource de nourriture avant les concurrents. Cependant, les études de paléoanthropologie montrent que l'habitat de savane arborée présente en réalité peu de concurrence : à cause de la faible visibilité à longue distance, les carcasses ne sont pas facilement localisées par les carnivores.

Senut conclut en 2006, à partir de ses études africaines, que : « Les mythes évolutifs liant sans ambiguïté l'origine de la bipédie à un milieu de savane sèche ne peuvent plus être retenus aujourd'hui devant l'accumulation des données africaines »[28]. En effet, il est impossible de justifier l'évolution vers la bipédie par les contraintes environnementales. Il en est de même de la verticalité de la posture humaine. Son soubassement est très éloigné de la motricité.

---

[28] Senut B. *Bipédie et climat.* CR Palevol 2006 ; 5 : 89-98

## La verticalité de la posture n'a pas de rapport avec la motricité humaine

La motricité n'est pas le facteur directeur de la verticalité de la posture humaine. Elle n'est pas liée à des facteurs biomécaniques. La verticalité de la posture humaine est plutôt le résultat de facteurs neurophysiologiques. En effet, le cervelet assure la cognition spatiale, le maintien de la posture, de l'équilibre, et coordonne les mouvements volontaires.

Étudier la bipédie nécessite d'en rappeler les bases neurophysiologiques et présenter succinctement les différents systèmes impliqués dans la régulation de l'équilibre. Le sens de la verticalité ne dépend pas de processus biomécaniques, mais s'appuie, comme l'a décrit Maëva Le Goïc, sur des informations vestibulaires fiables (provenant des organes gravito-inertiels de l'oreille interne), des indices visuels et d'après Mittelstaedt (1992, 1998), aussi des gravicepteurs (récepteurs situés dans les organes viscéraux au niveau du tronc) et des afférences tactiles plantaires et proprioceptives (Barbieri, 2007 ; Manckoundia, 2007).[29]

L'équilibre est la fonction neurophysiologique du noyau vestibulaire du cervelet. La posture, les fonctions exécutives et la coordination des mouvements du corps sont directement liées au cervelet et non à des organes musculaires qui se développeraient à force de mouvement physique. Le cervelet est le directeur de l'équilibre du corps. Une lésion du cervelet, comme un AVC ou un traumatisme entraîne des troubles de l'équilibre, une ataxie (difficulté à coordonner ses mouvements), un syndrome vertigineux (vertiges, nausées, vomissements), des troubles des mouvements oculaires. À ce propos, la démarche d'une personne en état d'ivresse vient justement du fait que l'alcool agit sur le cervelet et dégrade temporairement son fonctionnement.

---

[29] Maëva Le Goïc « Etude du contrôle postural chez l'homme : analyse des facteurs neurophysiologiques, biomécaniques et cognitifs, impliqués dans les 500 premières millisecondes d'une chute ». Thèse présentée à l'université paris Descartes école doctorale : cerveau, cognition, comportement (ed3c, n° 158).

# PARTIE 4

## LES INCOHÉRENCES SUR LA COGNITION COMME FACTEUR QUI A PERMIS L'ÉVOLUTION BIOLOGIQUE DE L'HOMME

Pour Darwin, c'est le cerveau qui a permis à l'homme d'évoluer. L'homme est devenu, grâce au cerveau, exceptionnel : en entrant dans la cognition, il surpasse l'ensemble des animaux. Si, comme l'affirme la théorie, l'homme est l'espèce la plus intelligente, cela doit se voir quand on compare son cerveau à celui des animaux. Il faut trouver, entre les espèces, des corrélats cérébraux de l'intelligence. Le cerveau est-il plus gros en valeur absolue ou rapporté au poids du corps ? Contient-il plus de neurones ? Est-il mieux connecté ?

# CHAPITRE 10

## « LE MÉCANISME PRINCIPAL » DE L'ÉVOLUTION EN CAUSE

Le cerveau est considéré comme le mécanisme principal dans la théorie de l'évolution. L'augmentation en taille et en performance du cerveau de l'homme a longtemps été considérée comme un indicateur de l'intelligence de l'homme sur ses « ancêtres ». La « pression de sélection » porterait tantôt sur la taille du cerveau, tantôt sur la corrélation isométrique (linéaire) de la taille du cerveau à la taille du corps tantôt sur la corrélation allométrique (non linéaire) de la taille du cerveau à la taille du corps.

Pour certains chercheurs, les augmentations quantitatives dans le tissu neural et de la capacité neurale de traitement de l'information ont été les déterminants les plus importants du développement de l'homme. Pour d'autres, c'est plutôt une réorganisation du cerveau humain qui a été le principal déterminant de l'augmentation des capacités mentales.

### La grande taille du cerveau de l'homme n'est pas un indicateur d'intelligence supérieure

La grande taille du cerveau de l'homme a longtemps été considérée comme un indicateur de l'intelligence de l'homme sur ses supposés

« ancêtres ». Or le cachalot possède un cerveau six fois plus gros que celui de l'homme. Si l'intelligence était fonction de la grosseur du cerveau, le cachalot serait plus intelligent que l'homme.

Les cachalots ont la plus grande masse du cerveau parmi les animaux existants, soit en moyenne 7,8 kg chez les mâles matures. Les dauphins ont une masse absolue du cerveau de 1500-1700 grammes. Ce chiffre est légèrement supérieur à celui de l'homme (1300 -1400 grammes) et représente environ quatre fois celui des chimpanzés (400 grammes).

Cependant, de nombreux autres facteurs affectent également l'intelligence et des découvertes récentes concernant les oiseaux diminuent la confiance en l'utilité de cette taille comme indicateur clé.

## Le rapport taille du cerveau au reste du corps

Revenu au point de départ, il fallait trouver un autre critère : la taille du cerveau par rapport au reste du corps : « *le coefficient d'encéphalisation* ». Un ratio supérieur du cerveau à la masse corporelle permettrait d'augmenter la masse de cerveau disponible pour des tâches cognitives complexes. La comparaison de la taille du cerveau d'un animal singulier avec la taille du corps basés sur l'analyse allométrique fournit un coefficient d'encéphalisation (CE) qui peut être compris comme indication de l'intelligence de l'homme. Ainsi, les études allométriques donnent les échelles de la taille du cerveau des mammifères à environ au 2/3 ou 3/4 de puissance de la masse corporelle. Le coefficient d'encéphalisation varie largement entre les espèces. L'orque a un CE de 2,57, le dauphin de Plata de 1,67, le dauphin du Grange de 1,55, le grand dauphin de 4,14 et la sotalie de 4,56. C'est moins que l'être humain (CE de 7,44), mais plus que celui des chimpanzés à 2,49, des chiens à 1,17, des chats à 1,00 et de la souris à 0,50.

Le rapport de la taille à la structure du cerveau ne permet pas de distinguer l'homme. Bref, nous revoilà revenus au point de départ.

## Le nombre de neurones dans le cerveau

Le nombre de neurones serait-il un meilleur indicateur de l'intelligence d'une espèce ? C'est l'hypothèse formulée par l'équipe de recherche Herculano-Houzel, qui s'intéresse au nombre de neurones dans le cortex cérébral.

**Ce facteur serait en lien avec leurs habiletés cognitives, contrairement à l'humain chez qui il n'y aurait nulle corrélation entre la taille du cerveau et l'intelligence. L'intelligence est souvent associée au cortex préfrontal (néocortex) chez les primates et autres mammifères.**

Les résultats de l'étude suggèrent que les fondements neuronaux qui permettent la conscience sensorielle sont nés soit avant l'émergence des mammifères, soit indépendamment dans au moins la lignée aviaire et ne nécessitent pas nécessairement un cortex cérébral.

Le cerveau des oiseaux est relativement gros, comparé à la taille de leur tête, et la densité de neurones est très élevée et est beaucoup plus importante que chez les mammifères par exemple.

Le nombre de neurones serait-il un meilleur indicateur de l'intelligence d'une espèce ? Dans la famille des dauphins, le globicéphale possède deux fois plus de neurones que l'homme dans son néocortex (37 milliards vs 16 milliards). [4] Avec un gros cerveau, un coefficient d'encéphalisation élevé et un nombre de neurones exceptionnel, il devrait être au sommet de la pyramide de l'intelligence… : cette nouvelle thèse s'écroule.

Alors, est-il possible de trouver des corrélats cérébraux de l'intelligence valables pour des espèces différentes ? Il est généralement admis que la croissance du néocortex, tant en valeur absolue que par rapport au reste du cerveau, au cours de l'évolution de l'homme, a été responsable de l'évolution de l'intelligence, quelle qu'en soit la définition. Certains scientifiques soutiennent que plus le nombre de neurones corticaux est élevé dans une espèce, plus grande est leur intelligence. Le cortex des cétacés est assez différent de celui des autres mammifères : son organisation *(cortex fin, neurones clairsemés)* dénote une moindre capacité à échanger des informations de manière rapide et efficace. **Ce qui relativise l'importance du nombre de neurones du cortex cérébral comme facteur clé de l'intelligence**.

On a aussi découvert des neurones sans grande ramification, connus aussi comme « neurones von Economo », dans le cerveau de la baleine à bosse du rorqual commun, du cachalot, de l'orque, du dauphin, du dauphin de Risso et du béluga. Les humains, les grands singes et les éléphants sont les seules autres espèces connues pour avoir ces cellules fusiformes, toutes espèces bien connues pour leur grande intelligence. Les neurones en fuseau semblent importants pour le développement du comportement intelligent, pouvant inclure la conscience de soi et l'empathie. Une telle découverte peut suggérer une évolution convergente de ces espèces. Des estimations quantitatives suggèrent cependant que ce type neuronal peut être trois fois plus important chez les cétacés que chez les humains, en prenant en compte la différence de taille.

Les recherches d'Harkeem sur les neurones en fuseau concluent à la théorie suivante : « Il y a peu de mammifères en dehors des hominidés, des cétacés et des éléphants qui ont un cerveau plus grand que celui des grands singes. Il serait intéressant de déterminer si oui ou non ces mammifères, tels que les girafes et des hippopotames, ont des neurones fusiformes dans certaines parties du cerveau correspondant aux cortex préfrontal et cortex cingulaire antérieur. Si elles sont présentes, cela donnerait à penser que la morphologie de ces neurones peut être principalement liée à la taille du cerveau absolue. Sinon, ils pourraient être liés à des spécialisations de comportement commun aux hominidés, aux baleines et aux éléphants. »

Le cerveau des éléphants montre une complexité similaire à celui des dauphins, avec encore plus de circonvolutions que celui des humains, et avec un cortex plus épais que celui des cétacés. Cependant, chez les dauphins, « aucun modèle de distribution cellulaire, subdivision nucléaire, ou de morphologie cellulaire indiquent une spécialisation du locus cæruleums » malgré la taille du cerveau et la phénoménologie absolue du grand sommeil uni hémisphérique des cétacés. Donc, si un néocortex complexe indique une grande intelligence, il y a des contre-exemples : par exemple, les échidnés ont un cerveau très développé, mais qui n'est pas encore considéré comme très intelligent.

Bien que de nombreux cétacés aient un grand nombre de neurones corticaux, après l'*homo sapiens*, l'espèce avec le plus grand nombre de neurones corticaux et synapses est l'éléphant. La superficie du dauphin consacrée à l'imagerie acoustique est environ 10 fois celle du cerveau de l'homme. Le temps de transmission du tronc cérébral du dauphin est plus rapide que celui qu'on retrouve habituellement chez les humains, et est approximativement équivalent à la vitesse trouvée dans le rat.

L'étude Stacho et al. mentionne que même si les oiseaux comme les pigeons, les chouettes effraies, les corneilles noires et autres corvidés n'ont pas de cortex cérébral comme de nombreux mammifères intelligents, y compris les humains, ils possèdent du pallium, qui est considéré comme « analogue, sinon homologue » au cortex cérébral[30]. Plus précisément, les corneilles noires montrent une réponse neuronale dans l'extrémité palliative du cerveau lors de l'exécution d'une tâche qui est en corrélation avec leur perception d'un stimulus. Une telle activité pourrait être un marqueur général de la conscience[31].

---

[30] Martin Stacho et al., *A cortex-like canonical circuit in the avian forebrain, Science, Vol. 369, Numéro 6511, eabc5534, 25 septembre 2020 : DOI : 10.1126/science.abc5534*

[31] Andreas Nieder et al., A neural correlate of sensory consciousness in a corvid bird, Science, Vol. 369, Numéro 6511, pp. 1626-1629, 25 septembre 2020 : DOI: 10.1126/science.abb1447

# CHAPITRE 11

# LA COGNITION ET LA MÉTACOGNITION NE SONT PAS SINGULIÈRES À L'HOMME : LES ANIMAUX RAISONNENT

Pour Darwin, dans cette course à l'évolution, l'homme s'est détaché de l'animal en entrant dans la cognition. Il surpasse l'ensemble des vivants singuliers mais un animal d'exception. La cognition est l'ensemble des processus mentaux qui se rapportent à la fonction de connaissance et mettent en jeu la mémoire, le langage, le raisonnement, l'apprentissage, l'intelligence, la résolution de problèmes, la prise de décision, la perception ou l'attention.

## La Mémoire supérieure des animaux

La mémoire est une fonction cognitive du cerveau. La mémoire est la faculté d'enregistrer, conserver et rappeler les expériences passées. La mémoire épisodique est la capacité de se souvenir d'un objet dans un moment donné et à un endroit précis. Selon Smith et ses collaborateurs (1991, p.67), « la mémoire est une fonction cognitive du cerveau qui permet de stocker de l'information pendant un laps de temps plus ou moins long ». Inoue et Matsuzawa de l'Université de Kyoto ont montré via un test de mémoire instantanée que le chimpanzé, surpassait largement l'Homme en termes de mémoire.

La mémoire n'est pas exclusive aux humains. Les animaux ont la capacité de se souvenir. Le geai buissonnier, qui a l'habitude de cacher de la nourriture, est un bel exemple. Nicolas Clayton de l'Université de Cambridge et son équipe ont voulu reproduire le phénomène en laboratoire. Ils ont placé le geai dans une cage à trois compartiments communiquant entre eux, mais dans laquelle seul le compartiment de droite contenait de la nourriture. Durant deux heures par jour, pendant cinq jours, les chercheurs ont enfermé l'oiseau dans l'un des compartiments, qui un jour contenait de la nourriture et le jour d'après non. Le sixième jour, l'oiseau avait déplacé de la nourriture dans le compartiment qui n'en contenait pas. Le chercheur a conclu que l'oiseau avait une capacité à planifier en se servant de sa conscience du passé, du présent et du futur.

De son côté, Tetsurö Matsuzawa, primatologue japonais, a étudié les capacités d'un chimpanzé, baptisé Ayumu, à reproduire une séquence de chiffres. Le chimpanzé a reproduit les chiffres après ne les avoir vus qu'une fraction de seconde. Un groupe d'étudiants fut ensuite soumis au même test, et il apparut qu'avec six mois d'entraînement, ceux-ci étaient moins rapides que le singe. Matsuzawa observe que le Chimpanzé réussit à reproduire la séquence dans 80 % des cas, tandis que les étudiants n'y parviennent que dans 40 % des cas.

Dotés d'une excellente mémoire, les perroquets assimilent un vocabulaire plus ou moins varié et peuvent comprendre le sens des mots.

Il est presque superflu de rappeler que bon nombre d'animaux sont plus doués que les personnes et sont dotés d'une excellente mémoire.

> « Au cap de Bonne-Espérance, sir Andrew Smith m'a appris qu'un babouin l'avait joyeusement reconnu après une absence de neuf mois. J'ai eu un chien très sauvage et ayant de l'aversion pour toute personne étrangère, dont j'ai exprès mis la mémoire à l'épreuve après une absence de cinq ans et deux jours. Je me rendis près de l'écurie où il se trouvait, et l'appelai suivant mon ancienne manière ; le chien me suivit immédiatement en m'obéissant comme si je ne l'avais quitté que depuis un quart d'heure. Une série d'anciennes associations, qui avaient sommeillé pendant cinq ans, s'étaient donc instantanément éveillées dans son esprit. P. Huber a clairement montré que même les fourmis peuvent, après une séparation de quatre mois, reconnaître leurs camarades appartenant à la même communauté. Les animaux

peuvent certainement par quelques moyens apprécier les intervalles de temps écoulés entre des événements qui se représentent.[32] ».

Pourquoi les grains de blé que les fourmis stockent ne germent-ils pas ? Les scientifiques ont découvert que les fourmis, après avoir collecté les céréales et les graines dont elles avaient besoin pour les stocker dans la fourmilière prenaient le soin de dégrader chaque grain en deux moitiés, car si les grains sont divisés en deux moitiés, ils ne germeront pas même si toutes les conditions de germination soient réunies. Mais les scientifiques ont été émerveillés quand ils ont découvert que les graines de coriandre stockées dans la fourmilière étaient divisées en (4) quatre. Après des recherches au laboratoire, les scientifiques ont découvert qu'une graine de coriandre peut germer si elle est divisée en deux, mais elle ne germera pas si elle est divisée en quatre.

Joël Fagot et Robert Cook ont montré que des pigeons et des babouins peuvent mémoriser des milliers d'images et les réponses qui leur sont associées, et garder une trace en mémoire de ces apprentissages pendant une durée estimée à un an.

Les corvidés possèdent une excellente mémoire. Selon les recherches d'Alan Kamil de l'Université du Nebraska, le geai bleu (*Cyanocitta cristata*) dissimule de la nourriture dans une cache pour la reprendre par la suite. Il peut ainsi emmagasiner de la nourriture dans des milliers de caches et se souvenir où la retrouver. Non seulement il repère toutes les caches, mais il se souvient également de la qualité de la nourriture qui y est emmagasinée et évite les caches où la nourriture pourrait s'être dégradée.

Contrairement à ce que l'on pourrait penser, la mémoire des animaux est très développée. L'Homme n'a pas une mémoire supérieure à celles des mammifères. Les animaux vivent et se développent par un processus d'apprentissage et de traitement de l'information permettant de résoudre un problème posé par l'environnement.

---

[32] C. Reinwald, « *Charles Darwin, La Descendance de l'homme et la sélection sexuelle* », Traduction par Edmond Barbier., 1881 (pp. 66-102)

## Des animaux peuvent résoudre des problèmes scientifiques complexes plus que l'homme

Des animaux peuvent résoudre des équations mathématiques complexes plus que l'homme. Les abeilles résolvent des problèmes mathématiques complexes, pour optimiser des efforts et du temps de production, construire des pavages de la surface et -en grandes architectes- des nids d'égales superficies pour les larves : pas question en effet qu'une larve dispose d'une alvéole plus grande qu'une autre. En premier lieu, elles doivent utiliser au mieux leur espace en trouvant une forme qui leur permette la fabrication et la disposition des alvéoles sans perdre d'espace. Elles réalisent donc un pavage. Celui-ci doit être fait avec des figures de même forme. Pour un tel pavage, les trois polygones réguliers, triangle, carré et hexagone peuvent être utilisés. Mais il aurait également pu être envisagé avec des rectangles, des losanges et autres figures non régulières.

Formulé en 180 avant Jésus-Christ, le théorème cherche à déterminer laquelle des différentes figures possibles pour le pavage du plan offre un périmètre minimal ? Il ne fut démontré qu'en 1943 par le Hongrois László Fejes Tóth, dans le cas particulier des polygones convexes. Cette preuve n'a été fournie que récemment, par Thomas Hales, de l'Université du Michigan, le même mathématicien qui a démontré la conjecture de Kepler sur la meilleure façon d'empiler des sphères.

Les abeilles l'avaient déjà trouvé bien avant l'homme ! Les alvéoles des abeilles en forme d'hexagone régulier optimisent l'espace, minimisent la quantité de cire utilisée, permettent également aux larves d'être plus proches et de se tenir chaud.

Aujourd'hui, cette forme est appelée structure en nid d'abeille et est utilisée dans de nombreux secteurs industriels pour créer des structures résistantes et idéalement légères. Fabriquée généralement en aluminium ou composite, on le retrouve en aéronautique, automobile, nautisme. Les abeilles utilisent les maths ou un « esprit » leur a imprimé les maths, en tout cas achemine les animaux **vers l'accomplissement de leur finalité.**

Les approfondissements de terrain sur l'intelligence des cétacés sont multipliés, y compris l'utilisation d'outil, la culture, la « fission-fusion » de l'organisation sociale, les ententes et autres attitudes de coopération, le langage (sifflets signatures de dauphins, clics de cachalots, vocalisations d'orques), procédés de prospection de nourriture, échec partiel, collaboration avec les pêcheurs… Peter Tyack, Janet Mann, Randall Wells, Sam Ridgway, Kenneth Norris, B. Wursig, John Ford, Louis Hermann, Randall Wells, Diana Reiss, Richard Connor, Hal Whitehead, Lori Marino, Paul Nachtigall, Eduardo Mercado, Denise Herzing ou Whitlow.

Les oiseaux sont doués pour différencier des images et les catégoriser. Les pigeons, entre autres, utilisent les mêmes repères visuels que les humains pour reconnaître les objets et les visages. Une expérience de Frédéric Gosselin, professeur au département de psychologie de l'Université de Montréal, a révélé que les pigeons entraînés peuvent reconnaître non seulement le sexe d'une personne en regardant son visage, mais également l'émotion exprimée par celle-ci. Le pigeon, comme l'humain, observe la bouche pour discerner une émotion comme la joie et observe les yeux pour déterminer s'il s'agit d'un visage masculin ou féminin. Les pigeons peuvent par exemple distinguer une fleur d'un humain ou d'une voiture ou encore différencier les lettres de l'alphabet ou même des peintures de Van Gogh, Picasso et Monet.

## Des animaux pratiquent la médecine, que les hommes n'ont pas encore.

Exposés à des maladies ou souffrant de douleurs gênantes, les animaux connaissent les vertus médicamenteuses de la nature, ils se soignent. Il y a seulement quelques années que les premières preuves d'un comportement d'automédication chez un animal, en l'occurrence le chimpanzé, ont été apportées.

Depuis, ce champ de recherches ne cesse de révéler des cas plus surprenants les uns que les autres. Les animaux mettent en place de nombreuses parades préventives pour éviter de tomber malades. Lorsqu'ils sont atteints, ils peuvent aussi suivre des traitements thérapeutiques.

Des chercheurs tentent de découvrir de nouveaux remèdes en s'inspirant des connaissances de certaines espèces. Michael Huffman fut le premier à se les poser[33]. » Alors que la théorie de l'évolution repose

[33] Sharma N, Huffman MA, Gupta S, Nautiyal H, Mendonça R, Morino L, Sinha A. Watering holes: The use of arboreal sources of drinking water by Old World monkeys

sur le postulat selon lequel les capacités de l'Homme ont évolué, pour dépasser celles des animaux. Il est alors incompréhensible que les espèces animales soient dotées de capacités supérieures à celles de l'Homme. C'est le cas aussi de cette intervention extraordinaire du singe pour sauver un électrocuté. Un singe va tout simplement sauver la vie d'un autre très mal en point. Plus rapide et efficace que le SAMU ?

## La médecine des animaux : Comment un singe a ranimé un électrocuté, de façon plus efficace que le SAMU.

Samedi 20 décembre 2014 à la gare ferroviaire de Kanpur, dans le nord de l'Inde, un singe a sauvé la vie à l'un de ses congénères, lequel gisait, inanimé, entre les voies ferrées après avoir touché un câble électrique. La scène se passe dans la gare de Kanpur, en Inde. Sur cette vidéo, on voit un macaque en ranimer un autre après que ce dernier a été électrocuté par un câble haute-tension. Pendant de longues minutes, et sous les regards de plusieurs dizaines de personnes.

Un singe a été filmé, le 20 décembre 2014, en train de sauver la vie d'un autre primate. Ce dernier s'était fait électrocuter et gisait inconscient sur les rails de la gare de la ville de Kanpur, dans le nord de l'Inde. Son congénère l'a secoué, mordu et finalement plongé dans l'eau pour ranimer le singe inconscient.

En Inde, les singes sont nombreux et se baladent n'importe où, y compris dans les lieux publics et y compris ceux qui sont dangereux. La scène commence quand un jeune macaque se fait électrocuter dans la gare en montant sur une caténaire. Électrocuté, il tombe alors lourdement, inanimé, sur les rails.

C'est alors qu'un singe plein de bravoure et qui avait tout vu se précipite sur le primate électrocuté. Pendant plusieurs minutes, il va tout simplement tenter de la réanimer, et surtout y parvenir ! Il commence tout d'abord par le masser à des points précis du corps et à le secouer de façon brutale dans tous les sens, avant de le jeter énergiquement sous les voies, ce qui va parvenir à le réanimer. Il va alors s'en occuper encore quelques

---

and apes. *Behavioural Processes*. PMID 27234173 DOI: 10.1016/J.Beproc. 2016.05.006

instants pour s'assurer qu'il ait retrouvé son autonomie… avant de s'en aller tout simplement.

## Des animaux qui utilisent une médication en avance sur l'homme

De plus, nous savons désormais que les animaux consomment des plantes aux vertus médicinales, qui sont elles aussi employées par les hommes des populations voisines, comme l'Aspilia ou les tiges de Vermonia Amygdalina.

Lorsqu'il souffre de parasites intestinaux, le chimpanzé se rue sur l'écorce d'un gros arbre au goût très amer, l'Albizia, auquel il ne touche habituellement pas. Deux jours plus tard, ses intestins sont purifiés. 1 Le chamois mordu par un serpent vénéneux broute de l'euphorbe qui a l'effet d'antidote. Blessé, il se roule dans le plantain qui accélère la cicatrisation.

La femelle éléphant du Kenya mange certaines feuilles qui hâtent la délivrance lorsqu'elle arrive en fin de gestation. Si ses œufs sont infectés par un parasite, la femelle du papillon monarque va pondre sur une plante dont les feuilles sont toxiques pour ce parasite ; les mouches de fruit mangent des fruits fermentés, riches en éthanol (alcool) qui désinfectent lorsqu'elles sont touchées par une maladie ; d'innombrables animaux utilisent l'argile : sangliers, rhinocéros, hippopotames et éléphants se roulent dans la boue qui, en se détachant emporte les poux, aide à cicatriser ; les singes mangent de la terre avec les plantes pour améliorer l'absorption et purifier leurs voies intestinales, tout comme il est recommandé de le faire pour l'homme en cas d'infection. Les chiens et les chats consomment fréquemment du chiendent lors de leurs promenades campagnardes. Selon la dose de plante ingérée, cela provoque une expectoration qui nettoie les bronches, un vomissement qui purge l'estomac ou une diarrhée qui vide l'intestin.

Le primatologue Michael Huffman travaille depuis des années sur le sujet. Il raconte comment il a découvert que les chimpanzés pouvaient soigner leurs maladies en utilisant les plantes médicinales.

En Tanzanie, où vit la plus grande colonie de chimpanzés du monde, il a réussi à démontrer comment les grands singes éliminaient des parasites intestinaux en suçant le jus de la Vernonia Amygdalina, une plante très amère dont ils recrachent soigneusement les fibres.

Puis il commente d'autres cas très surprenants : des oiseaux qui désinfectent leur nid en le garnissant de plantes aromatiques aux vertus répulsives. Un rongeur qui enduit son pelage d'une sève toxique agissant comme un poison. Chez ses prédateurs, des éléphants qui posent des emplâtres de boue sur leurs blessures… En Afrique, les perroquets viennent picorer l'argile des termitières, aux vertus antibiotiques, et qu'ils utilisent comme une sorte de pansement gastrique.

La médecine par les plantes provient du savoir-faire des animaux. Avant les travaux de Michael, la science n'avait jamais eu conscience des origines animales de la médecine par les plantes. Le paradoxe existe dans la théorie de la « sélection » parce qu'on a des adaptations supérieures à des niveaux inférieurs. Où commence l'humanité ou finit l'animalité ?

Des recherches récentes montrent que la *Vernonia Amygdalina* possède bel et bien un puissant effet contre le paludisme. Il pourrait permettre de neutraliser certaines résistances développées par les parasites et de déboucher sur de nouvelles approches thérapeutiques peu coûteuses.

Les fourmis fabriquent des antibiotiques, de façon plus efficace que les hommes, et bien plus longtemps. Des scientifiques chinois et britanniques ont découvert qu'Acromyrmex octospinosus, une fourmi coupe-feuille, utilisait un cocktail d'antibiotiques pour entretenir ses champignons. Parmi ces antibiotiques, produits par des bactéries vivant sur le thorax des fourmis, se trouvent un nouveau composant qui pourrait être utilisé pour traiter les infections fongiques. L'étude, publiée dans la revue Biomed Central (BMC) Biology, est la première à démontrer qu'une colonie de fourmis peut utiliser plusieurs antibiotiques. Les fourmis attines cultivent le champignon Leucoagaricus gongylophorus, créant ainsi un substrat de croissance riche formé à partir de feuilles mâchées. Elles veillent également à le préserver des mauvaises herbes. En retour, le champignon tient lieu de principale source d'alimentation pour les fourmis. Cette espèce bien connue de fourmi attine Acromyrmex octospinosus, qui a fait l'objet de nombreuses études, est originaire d'Amérique centrale et du Sud ; elle entretient une relation symbiotique bénéfique avec une variété de bactéries productrices d'antibiotiques, utilisées comme herbicides. La fungiculture (ou myciculture) est un art délicat : les polluants, champignons et bactéries indésirables peuvent facilement détruire les champignons. A. octospinosus est une fourmi cultivatrice consciencieuse. Lorsqu'elles établissent une nouvelle colonie, les fourmis ensemencent le substrat pour la culture de nouveaux champignons sur un ensemble de petites racines placées avec précaution loin du nid souterrain, protégeant ainsi le jardin des mauvaises herbes. De plus, les fourmis nettoient soigneusement leurs pattes avant d'entreprendre toute activité dans le jardin, minimisant ainsi les chances de contamination.

« Ce projet, entrepris par un doctorant, Joerg Barke, s'est révélé très distrayant ; on disposait des fourmis coupe-feuilles sur des plaques de gélose pour isoler les bactéries productrices d'antibiotiques », expliquait le Dr Matthew Hutchings, de l'University of East Anglia, au Royaume-Uni. « Nous avons découvert un nouveau composant antifongique apparenté à un antifongique d'importance clinique, appelé nystatine ; nous nous réjouissons à l'idée que ces fourmis et d'autres insectes nous fournissent de nouveaux antibiotiques ayant des applications médicales. »

Selon Darwin, l'homme, différant si considérablement de tous les autres animaux par la qualité de ses relations sociales et la puissance de ses facultés mentales, porterait dans sa conformation corporelle et des facultés cognitives des traces évidentes de sa provenance d'une forme inférieure. Les facultés intellectuelles de l'homme se seraient graduellement développées. Pour expliquer cette disparition, on a longtemps présenté les néandertaliens comme des brutes épaisses, sans culture, incapables d'évoluer…

La théorie de l'évolution établie par Darwin renvoie à un processus de sélection naturelle dont le résultat permet à des individus de survivre, parce que mieux adaptés à leur environnement immédiat. Ce succès adaptatif se traduit alors par la capacité des individus à transmettre leurs gènes à la génération suivante.

Les ingénieurs apprennent à utiliser les prodigieuses capacités cognitives des animaux, pour concevoir les ordinateurs, les robots et les logiciels intelligents de demain !

La capacité d'adaptation des animaux à leur environnement a toujours intrigué l'homme. D'autres fonctionnalités inspirées par les animaux permettent à certains robots d'être plus efficaces et robustes. Des chercheurs français et américains ont par exemple développé un algorithme qui permet au robot de trouver un comportement compensatoire pour poursuivre sa marche lorsqu'il est endommagé, comme les animaux blessés. Ou encore, le développement d'un matériau spongieux à mémoire de forme par des scientifiques du MIT qui pourrait permettre aux robots de se faufiler dans des endroits exigus.

Cependant, si le comportement des animaux ne relève pas de l'instinct ou de la programmation génétique alors toute l'hypothèse de la théorie évolutionniste est fausse. Pour René Trégouët, « L'idée que les atomes laissent leurs impressions à titre de legs aux autres atomes prenant la place qu'ils quittent, contredit l'affirmation de l'état conscient, et est fausse par conséquent ; mais comme c'est là l'idée nécessaire pour l'évolution, l'hypothèse est donc fausse. »

Si les animaux dits « inférieurs », dont les primates seraient issus par la sélection des meilleurs, ont des instincts qui rivalisent avec les effets des facultés intellectuelles de l'homme, si des effets à l'intelligence de l'homme se manifestent dans ce qui est alors qualifié « d'instinct », alors le défi de l'évolutionnisme est de montrer les caractères immensément supérieurs pour justifier le passage de « l'animal » à « l'homme ».

# PARTIE 5

# LES INCOHÉRENCES SUR LA TRANSITION ENTRE L'HOMME ET LES ANIMAUX

Nous savons désormais que les animaux utilisent des outils, ont une mémoire des événements, connaissent la ruse ou l'empathie, les émotions, et même le rire. Plus étonnants encore, ils rivalisent avec une des pratiques les plus sophistiquées de l'homme : la médecine. Nous avons, maintenant, montré que l'homme et les animaux « supérieurs », les primates surtout, ont en commun quelques facultés. Tous ont les mêmes sens ; intuitions et sensations — des passions, affections et émotions, même compliquées, semblables. Ils éprouvent l'étonnement et la curiosité : ils possèdent les mêmes facultés d'imitation, d'attention, de mémoire, d'imagination et de raison ; bien qu'à des degrés fort différents.

**Sans une capacité propre à l'homme, la théorie de l'hominisation s'écroule. Si la cognition n'est pas le propre de l'homme, qu'est-ce qui, alors, rend l'homme « humain » ?**

Darwin affirme :

> « … que l'homme seul est capable d'une amélioration progressive ; que seul il se sert d'outils ou de feu, domestique les autres animaux, connaît la propriété ou emploie le langage ; qu'aucun autre animal n'a conscience de lui-même, ne se comprend, ne jouit de la faculté de l'abstraction ou possède des idées générales ; que l'homme seul a le sentiment du beau, est sujet au caprice, éprouve la reconnaissance, est

sensible au mystère, etc., croit en Dieu ou est doué d'une conscience. »[34]

De nombreux scénarii d'hominisation ont été proposés qui diffèrent selon la période que l'on considère, durant le siècle qui a suivi la parution du livre de Darwin, *L'Origine des espèces*, jusqu'aux dernières décennies du 20e siècle. On peut dénombrer plus de 21 caractères qui s'enchaînent mutuellement pour expliquer l'hominisation. Parmi eux, en dehors de la bipédie, trois sont cardinaux : l'utilisation d'outils, le langage et le raisonnement théorique ou métacognition.

---

[34] Charles Darwin, *Les facultés mentales de l'homme et celles des animaux inférieurs*, Revue scientifique de la France et de l'étranger, 1871. Cf. *L'origine des espèces au moyen de la sélection naturelle ou la préservation des races favorisées dans la lutte pour la survie*.[1]. Cet ouvrage est considéré comme le texte fondateur de la théorie de l'évolution.

# CHAPITRE 12

## L'USAGE ET LA FABRICATION D'OUTILS

**L'évolutionnisme affirme en général qu'aucun animal ne se sert d'outils.** Dans la théorie d'hominisation, le duc d'Argyll fait remarquer que le fait de façonner un instrument dans un but spécial est absolument particulier à l'homme, et le considère comme établissant entre lui et les animaux une différence immense. La distinction est incontestablement importante.

Pour Charles Darwin, « lorsque l'homme primitif a employé d'abord des silex pour un usage quelconque, il peut les avoir accidentellement brisés, et alors tirer parti de leurs éclats tranchants. L'immense intervalle de temps qui a dû s'écouler avant que les hommes de la période néolithique en soient arrivés à user et polir leurs outils de pierre. En brisant les silex, ainsi que le remarque encore Sir J. Lubbock, des étincelles ont pu se produire, et, en les usant, de la chaleur se dégager : « D'où l'origine possible des deux méthodes usuelles pour se procurer du feu". »

Le biologiste Rémy Chauvin s'est, par exemple, intéressé à l'utilisation d'outils développés par les animaux en fonction de situations particulières : des nids de feuilles cousues par certaines fauvettes, la construction de barrages par les castors et les outils proprement dits utilisés par les primates pour la pêche aux fourmis et termites. Tout cela démontre qu'il ne s'agit pas d'instincts aveugles, mais de constructions pensées répondant à un but.

Beaucoup d'autres invertébrés usent de divers objets pour s'en faire des coquilles ou un camouflage. La pieuvre est un invertébré qui a démontré sa capacité à faire usage d'outils. Au moins quatre spécimens d'Amphioctopus marginatus ont été observés alors qu'ils manipulaient des coquilles de noix de coco pour s'en faire une sorte de carapace protectrice. La découverte de ce comportement a été reportée par le journal Current Biology et a aussi été filmée.

## Comportement non instinctif : fabrication d'outils

En 2005, les scientifiques ont observé des groupes limités de dauphins autour de l'Australie, utilisant un outil de base. Lors de la recherche de nourriture sur le fond de la mer, beaucoup de ces dauphins ont arraché des morceaux d'éponge puis les enrouler autour de leur rostre pour éviter l'abrasion par les coraux.

Jugées tout d'abord inaptes à pouvoir faire preuve d'invention, des recherches plus récentes démontrent que des animaux ont fabriqué des outils bien avant l'homme, invalidant ainsi de vieux préjugés.

La construction de barrages par les castors et les outils proprement dits utilisés par les primates pour la pêche aux fourmis et termites. Tout cela démontre qu'il ne s'agit pas d'instincts aveugles, ni de l'imitation de l'homme, mais de constructions pensées répondant à un but.

# CHAPITRE 13

# LE LANGAGE NE MONTRE PAS QUE L'HOMME EST PLUS ÉVOLUÉ QUE L'ANIMAL

## Comprendre les hypothèses sur le langage comme mécanisme d'hominisation

Le rapprochement des auteurs évolutionnistes, sur le langage comme mécanisme d'hominisation, annonce-t-il déjà une confusion entre leurs hypothèses respectives. Paradoxalement même, Darwin serait moins darwiniste que ses prédécesseurs qui l'ont inspiré, relativement, au langage et à la raison.

Aristote (384-322 av. J.-C.) affirmait que l'homme était le seul des animaux à posséder le logos (« la raison ») et « l'âme pensante ».

Pour Descartes, il n'existe aucun animal capable d'utiliser les signes ou le langage et encore moins accéder à l'universel. Au XVII$^{e}$ siècle, le philosophe français René Descartes (1596-1650) influença l'imaginaire collectif avec sa théorie des *animaux-machines*. Il exposa sa vision de l'inintelligence de l'animal dans deux textes : la cinquième partie du *Discours de la méthode* et dans sa lettre au marquis de Newcastle.

Au X$^{e}$, XVII$^{e}$ siècle, la théorie des animaux-machines est défendue par Nicolas Malebranche (1638-1715). Les animaux n'ont pas la faculté de réfléchir de manière abstraite et adaptée à chaque situation : ils sont à l'image des machines…

Pour Bouffon, c'est plutôt la « Perfection », quant à Rousseau, la « perfectibilité » (mot qu'il avait inventé) qui sont le signe de tous les changements survenus dans l'histoire et de toutes les capacités que l'homme a déployées pour s'élever au-dessus de sa condition originelle. Il n'y aurait pas de différence de nature, mais de degré entre l'homme et l'animal. Le langage de l'homme étant simplement plus « parfait » que celui de l'animal ou plus « perfectible » que l'animal version Rousseau.

Quant à Darwin, même si les animaux en possèdent, leurs langages relèveraient plus, en vertu d'une acquisition héréditaire, du développement graduel de l'instinct. Les facultés langagières de l'homme se seraient graduellement développées plus vite et inspirant celles des animaux.

Suivant Darwin, l'imitation n'est pas forcément un signe d'intelligence supérieure. Des animaux peuvent se copier l'un l'autre du simple fait de la facilitation sociale. « **…une tendance instinctive à acquérir un art n'est point un fait particulier restreint à l'homme seul.** » Ces langages des animaux sont acquis, ils « ne sont pas plus innés que le langage ne l'est chez l'homme ».

Selon Darwin ;

> « L'imitation de cris musicaux par des sons articulés a pu être l'origine de mots exprimant diverses émotions complexes. Nous devons attirer l'attention ici, comme se rattachant au sujet de l'imitation, sur la forte tendance que présentent les formes les plus voisines de l'homme, les singes, les idiots microcéphales, et les races barbares de l'humanité, à imiter tout ce qu'ils entendent. Les singes, comprenant certainement beaucoup de ce que l'homme leur dit, et, dans l'état de nature, pouvant pousser des cris signalant un danger pour leurs camarades, il ne semble pas bien incroyable que quelque animal simien plus sage ait eu l'idée d'imiter le hurlement d'un animal féroce pour avertir ses semblables du genre de danger qui les menace. Il y aurait, dans un fait de cette nature, un premier pas vers la formation d'un langage. »

L'intelligence est ce par quoi nous saisissons les notions et les principes. L'intelligence est l'ensemble des processus qui permettent de comprendre, d'apprendre ou de s'adapter à des situations nouvelles. L'attention est la faculté de se consacrer à un objet : d'utiliser ses capacités à l'observation, l'étude, le jugement d'une chose, quelle qu'elle soit, ou encore à la pratique d'une action. L'intelligence animale est étudiée sous différents angles, dont l'utilisation d'outils, la mémoire et le langage. L'apprentissage est un ensemble de mécanismes menant à l'acquisition de moyens qui permettent l'accomplissement d'une tâche de savoirs ou de connaissances.

Savoir si l'animal est doté de raison est une question que les humains se posent depuis les débuts de la philosophie et de la science. En Occident, des philosophes comme Platon, Aristote ou Descartes ont grandement contribué à la réflexion sur l'intelligence animale.

L'inférence réfère à la capacité de tirer des conclusions, de déduire ou d'induire. Ils peuvent faire preuve de métacognition, apprennent vite et ont une bonne mémoire.

Une définition communément admise de l'intelligence est « la capacité de raisonner, planifier, résoudre des problèmes, penser de façon abstraite, comprendre des idées complexes, apprendre rapidement et notamment à partir de l'expérience ». Cette définition est distincte des traits de communication sociale ou de la capacité à apprendre des « astuces » (qui peut être faite par le conditionnement).

## L'apprentissage des langues n'est pas spécifique à l'homme

L'hypothèse avancée par Darwin est que : **« seul l'homme est capable d'une amélioration progressive. »**

Depuis la fin des années 1960, Herman étudie les dauphins. Pour communiquer avec eux, il a développé, avec son équipe, un langage codé transmis par le bras et la main des entraîneurs. À des mots de vocabulaire tels que « panier » ou « ballon » se sont ajoutés des termes abstraits qui font référence à une connaissance grammaticale de base : « gauche », « droite », « à l'intérieur », etc.

Certains perroquets appellent les différents membres de leur famille d'adoption par leur nom. Ils peuvent assimiler plus de 800 mots. Il peut s'exprimer dans le même langage que les humains.

À la fois psychologue et primatologue, Sue Savage-Runbaugh est connue pour ses travaux sur l'acquisition d'un langage par deux bonobos : Kanzi et Panbanashi au travers de l'apprentissage de lexigrammes. Professeur à l'université d'Oklahoma, elle a travaillé au centre de recherche sur le langage de l'université de Georgie aux Usa.

Si l'apprentissage d'une langue est inspiré par l'homme, mais n'est pas le propre de l'homme, alors il reste impossible de justifier la sélection naturelle par le langage. Même si, suivant Darwin, « *l'homme seul est capable d'une amélioration progressive* ».[35]

Le langage ne doit pas son origine à l'imitation et à la modification, des cris instinctifs.

## Les cétacés ont un langage extrêmement complexe

Pour Darwin, l'homme est à l'origine et au centre du langage animal « Nous devons attirer l'attention ici, comme se rattachant au sujet de l'imitation, sur la forte tendance que présentent les formes les plus voisines de l'homme, les singes, les idiots microcéphales, et les races barbares de l'humanité, à imiter tout ce qu'ils entendent. Les singes, comprenant certainement beaucoup de ce que l'homme leur dit, et, dans l'état de nature, pouvant pousser des cris signalant un danger pour leurs camarades, il ne semble pas bien incroyable que quelque animal simien plus sage ait eu l'idée d'imiter le hurlement d'un animal féroce pour avertir ses semblables du genre de danger qui les menace. Il y aurait, dans un fait de cette nature, un premier pas vers la formation d'un langage."[36]

La voix étant de plus en plus exercée, les organes vocaux se seront renforcés et perfectionnés en vertu du principe des effets héréditaires de l'usage ; ce qui aurait réagi sur la puissance de la parole. »

Il n'existe pas de corrélation entre le niveau du langage et le niveau du développement humain. Il n'y a pas de preuves de corrélation entre langage et raison. Ainsi F. von Schlegel écrit : « Dans ces langues qui paraissent occuper le degré le plus bas de la culture intellectuelle, nous observons fréquemment que leur structure grammaticale est élaborée à

[35] Charles Darwin, *Les facultés mentales de l'homme et celles des animaux inférieurs*, Revue scientifique de la France et de l'étranger, 1871. Cf. *L'origine des espèces au moyen de la sélection naturelle ou la préservation des races favorisées dans la lutte pour la survie*.[1]. Cet ouvrage est considéré comme le texte fondateur de la théorie de l'évolution

[36] Charles Darwin, idem, ibidem

un haut degré. C'est surtout le cas du Basque et du Lapon, ainsi que de beaucoup de langues américaines. »

## L'origine du langage articulé ne peut découler de l'imitation de sons naturels

Présentes dans toutes les cultures, les onomatopées seraient selon Darwin à l'origine du langage humain. Les onomatopées servent à reproduire ou à imiter les bruits de la nature, des choses, des animaux, etc. La voix étant de plus en plus exercée, les organes vocaux se seraient renforcés et perfectionnés en vertu du principe des effets héréditaires de l'usage ; ce qui aurait réagi sur la puissance de la parole.

Suivant Darwin, « Dans le cas de l'espèce, l'origine de beaucoup de mots, car nous apercevons qu'ils proviennent d'une imitation de sons divers, comme dans la poésie allitérative ». L'onomatopée est un « mot inventé qui imite le cri d'un animal ou le bruit d'une personne ou d'une chose ». Curieusement, les onomatopées varient selon les langues. L'idée que la formation des différentes langues distinctes provient de l'imitation des sons de la nature relève davantage du mythe que de la réalité. Il n'y a pas de passerelle entre la sophistication de la langue et l'imitation de sons. C'est pourquoi il y a contradiction dans la théorie : Il n'y a pas d'analogie entre les couleurs et les sons. Le rapport entre le signe linguistique et ce qu'il représente est ici entièrement arbitraire. Ce que le français désigne par le mot « maison », et le même que ce que l'anglais exprime par le mot « house ».

Le langage imitatif reste pour l'essentiel suggestif et métaphorique (signes accidentels). Pour Darwin, les langues « se sont développées par une marche graduelle ». Cette approche génétique du langage est supposée et non démontrée. Le moment est difficile à saisir, où l'on passe du cri poussé sous l'effet de l'émotion aux langages par lesquels les hommes communiquent intentionnellement leurs pensées dans le cadre des premières sociétés.

L'évolutionnisme a considéré la raison comme une des principales distinctions existantes entre l'homme et les animaux. Or, admettre le langage à partir de l'imitation, c'est admettre le soubassement préréflexif du langage. Ce premier facteur d'hominisation supposé de l'homme, la naissance du langage, ne revêt pas la forme de la raison : on ne commença pas par raisonner, mais par sentir. Car si le langage est Raison, le sens est perçu, plutôt que vécu. Avec l'imitation : le sens du langage est vécu, plutôt que perçu. Entre la langue des cris instinctifs et la langue humaine, il y a rupture et non continuité, ce que Rousseau appelle une dénaturation. Le langage ne doit pas son origine à l'imitation et à la modification, des cris instinctifs.

# CHAPITRE 14

# LES ANIMAUX PARLENT, CE SONT LES FRÉQUENCES DE L'HOMME QUI SONT LIMITÉES

Parler de « langage animal » pose un problème de définition du terme « langage ». Pour Darwin, « Sans doute les animaux ont leur langage, mais ce langage n'a pas l'air d'être conventionnel ; je veux dire par là qu'un chien français correspond immédiatement avec un chien allemand ou anglais ou espagnol. Peut-être certains animaux, les fourmis, par exemple, ont un langage de cette espèce » ; mais Darwin, doute ainsi qu'il puisse exister une différence de langue chez les animaux d'une même espèce. Dialectes qui seraient même à la source des guerres entre fourmilières, « c'est là une vue toute problématique ».

**Aussi le problème, en plus de ces principes contradictoires, est la définition même du langage.** Lorsqu'on tente une définition du langage, elle se résume souvent à une définition du langage humain. On utilise souvent le terme « langage » au sens humain.

Pour Darwin, même si les fourmis ont développé un langage des signes, ce qui est important est le langage oral qui est un signe de développement des organes. La perfection de l'homme découle de la capacité de parler qu'il est seul à avoir. « Les fourmis communiquent entre elles par leurs antennes (.). Tous les mammifères supérieurs, ayant les organes vocaux construits sur le même plan général que le nôtre, et servant de moyen de communication, il est probable que, si ce dernier devait s'améliorer, les mêmes organes eussent dû se développer davantage : ce qui s'est effectué à l'aide de parties bien ajustées et adaptées, à savoir, la langue et les lèvres. »[37]

Suivant Darwin donc, « ... le critère de la perfection se trouve dans la différenciation et la spécialisation des organes »[38]. Les évolutionnistes ont regardé cette faculté de parler comme une des principales distinctions existantes entre l'homme et les animaux. Mais, même à ce niveau, il n'est pas évident que ce soit le cas. Ainsi, comme l'a rappelé l'archevêque Whately : « L'homme n'est pas le seul animal qui se serve du langage pour exprimer ce qui se passe dans son esprit, et puisse comprendre plus ou moins ce qu'exprime un autre. » [39]

## Selon la science, les fourmis parlent

Sur le plan scientifique, ce n'est plus simplement le pouvoir d'articuler des sons qui peut distinguer l'homme des autres animaux, car, c'est avéré même pour les non-scientifiques que le perroquet peut parler ; mais aujourd'hui, c'est surtout la découverte de la grande capacité des animaux à rattacher des idées définies à des sons déterminés, qui dépend évidemment du développement de leur raisonnement.

Pour Alain Lenoir, de l'Institut de recherche sur la biologie de l'insecte de Tours. « Les fourmis font savoir qu'à l'intérieur du nid, elles ont trop chaud ou que l'air est trop humide et qu'elles veulent être changées de place. » Ce que l'on vient de découvrir, c'est que les insectes adultes ne sont pas les seuls à produire des sons. Les nymphes aussi communiquent de cette manière, même encore incapables de se déplacer. La démonstration est à mettre au crédit d'une équipe de chercheurs des universités d'Oxford et de Turin. Leur étude est publiée dans la revue *Current Biologie*.

---

[37] Charles Darwin, *Les facultés mentales de l'homme et celles des animaux inférieurs*, Revue scientifique de la France et de l'étranger, en 1871

[38] Charles Darwin, *idem, ibidem*

[39] Charles Darwin, *idem, ibidem*

## Selon les religions révélées, les animaux parlent et entretiennent des conversations

Selon le Coran, Salomon pouvait entretenir des conversations avec les fourmis. « Et furent rassemblées pour Salomon, ses armées de djinns, d'hommes et d'oiseaux, placées en rangs. Quand ils arrivèrent à la Vallée des Fourmis, une fourmi dit : "Ô fourmis, entrez dans vos demeures, que Salomon et ses armées ne vous écrasent sans s'en rendre compte !"... ». (27/17-19).

Salomon pouvait aussi entretenir des conversations avec les oiseaux, qui exécutaient ses ordres et lui rapportaient des informations. « Salomon hérita de David et dit : "*Ô hommes ! On nous a appris le langage des oiseaux ; ... C'est là vraiment la grâce évidente.* (...) » (Coran 27/15-17) Un oiseau expliqua à Salomon :

> « J'ai découvert quelque chose dont vous n'avez pas connaissance. Je viens de Saba avec d'importantes nouvelles », dit l'oiseau : « Saba est gouvernée par une reine à qui rien ne manque et dont les biens abondent, elle possède aussi un trône splendide. Mais en dépit de toute cette richesse, Satan est entré dans son cœur et dans celui de son peuple, elle dirige leur esprit. Je fus choqué lorsque j'ai constaté qu'ils adorent le soleil au lieu d'Allah, le Tout-Puissant ».

Salomon envoya à la reine l'oiseau avec une lettre. « "*Pars avec ma lettre que voici ; puis jette-la-leur, ensuite tiens-toi en retrait pour voir ce que sera leur réponse*" » [Sourate 27 An-Naml (Les fourmis) aya 28]. Ainsi selon le Coran 27/30-31, l'oiseau partit, laissa tomber la lettre aux pieds de la reine. La reine ouvrit la lettre et lut son contenu.

## L'homme n'est ni le modelé de départ ni au centre du langage animal

L'oreille humaine a des problèmes pour entendre les animaux. L'homme ne peut percevoir les sons que dans une limite de fréquence et de pression donnée. La pression acoustique minimale que l'oreille peut capter est appelée seuil acoustique et est dépendante de la fréquence. L'oreille humaine est sensible à une gamme très limitée de fréquences (sons graves et aigus) et d'intensités (sons faibles et forts) définissant le champ auditif humain. Toutes les vibrations acoustiques qui sortent de ces limites ne sont plus considérées comme « sons » pour l'oreille humaine. Le cheval par exemple a la capacité d'entendre une plus grande plage de son que les humains. Il entend des ultrasons que l'homme n'entend pas et un plus large champ de vision.

## Problèmes pour l'homme de distinguer ce qui est entendu de l'animal

L'oreille humaine entend des fréquences comprises entre 20 Hz (fréquence la plus grave) et 20 000 Hz (fréquence la plus aiguë). L'audition humaine ne peut pas entendre ni communiquer avec les infrasons (fréquence inférieure à 20 Hz). Certains animaux (la taupe ou l'éléphant par exemple) en sont capables ; ils entendent, par exemple, les sons avant les tremblements de terre de quelques Hertz, et leurs fuites « inexplicables » inspirent l'homme. De même, les sons dont la fréquence est supérieure à 20 000 Hz sont inaudibles pour l'homme. Or un chien ou un chat entendent jusqu'à 40 000 Hz (soit toute une gamme de sons au-dessus) et une chauve-souris ou un dauphin, jusqu'à 160 000 Hz (soit 3 univers de sons au-dessus !).

L'oreille humaine n'entend non plus qu'une force acoustique comprise entre 0 et 120 dB. Pour qu'un son pur de fréquence 1000 Hz soit perceptible par l'oreille humaine, il faut qu'il soit au-dessus de 0 dB. À cette même fréquence, 120 dB est le niveau d'intensité acoustique le plus fort qui puisse être supporté par l'oreille humaine. Au-delà, les sons sont nocifs et détruisent de manière irréversible les structures de l'oreille interne. Il y va ainsi du rythme et des débits qui peuvent sonner comme du « bruit », des « clics », etc., s'ils ne correspondent pas à une certaine lenteur ou type particulier de consonance, d'articulation, d'inflexions, de phonologie.

Il y a manifestement une erreur d'interprétation du bruit blanc des bruissements des animaux, compris comme un « simple croassement ». Le bruit blanc est composé de l'ensemble des fréquences audibles par l'oreille humaine : on pourrait le comparer au grésillement d'une radio entre deux stations. Par exemple, Darwin n'intègre pas dans son analyse cette limite de l'oreille humaine. « Le fait que les singes supérieurs ne se servent pas de leurs organes vocaux pour parler, dépend sans doute de ce que leur intelligence n'est pas suffisamment avancée. Le fait qu'ils ne se servent pas pour parler d'organes qui, par une pratique suivie, auraient pu servir à cet usage, trouve son semblable chez les oiseaux, qui, bien que pourvus d'organes propres au chant, ne chantent jamais. Ainsi, les organes vocaux du rossignol et du corbeau, bien que présentant une construction semblable, et produisant chez le premier les chants les plus variés, chez le dernier ne donnent qu'un simple croassement. »[40]

## Le son entendu dépend du milieu

Une onde sonore même audible par l'oreille humaine peut éprouver des difficultés à passer d'un milieu naturel à un autre, car chaque milieu impose une résistance plus ou moins importante appelée impédance. Ainsi, une onde qui se propage dans l'air aura du mal à être perçue dans l'eau car celle-ci a une forte impédance.

Comme ces sons émis sont dans le domaine des fréquences audibles, on peut entendre les stridulations de certaines espèces en les enfermant dans une boîte en plastique faisant cage de résonance, indique Alain Lenoir. Les micros miniatures permettant désormais d'enregistrer ces discrètes et émouvantes stridulations qui révèlent une fois de plus l'extraordinaire complexité de la communication chez les insectes sociaux.

Le fait que les cétacés soient capables d'émettre et entendre de sons (qui sont censés être leurs principaux moyens de communication) dans une gamme de fréquences beaucoup plus large que celle de l'homme signifie que des équipements sophistiqués, qui n'existait pratiquement pas dans le passé, sont nécessaires pour les enregistrer et les analyser. Par exemple, les clics peuvent contenir de l'énergie significative dans les fréquences supérieures à 110 kHz (pour comparaison, il est inhabituel pour un homme de pouvoir entendre les sons supérieurs à 20 kHz), et exigent que des appareils ayant un taux d'échantillonnage d'au moins 220 kHz soient utilisés.

---

[40] Charles Darwin, *Les facultés mentales de l'homme et celles des animaux inférieurs*, Revue scientifique de la France et de l'étranger, 1871

## La communication non verbale large des animaux

En plus du canal de communication acoustique, la perception visuelle est également significative. La pigmentation contrastée du corps peut être utilisée, par exemple, avec des « flashs » de la zone ventrale hypo pigmentée de certaines espèces, comme la production de bulles d'eau pendant la signature sifflée. En outre, la plupart des comportements synchrones de coopération, ainsi que les méthodes de coopération de recherche de nourriture, sont sans doute gérés au moins partiellement par des moyens visuels.

Bien qu'il y ait peu de preuves confirmant le langage des dauphins, des expériences ont montré qu'ils peuvent apprendre le langage des signes de l'homme. Akeakamai, un dauphin, a été en mesure de comprendre les mots et phrases de base comme « toucher le frisbee avec votre queue, puis sauter par-dessus » (Herman, Richards, et Wolz 1984). Les dauphins ont également montré la capacité de comprendre l'importance de l'ordre de chaque ensemble de tâches dans une seule phrase.

## Les capacités de communiquer supérieures des animaux

Les capacités de communication des animaux sont plus larges par les fréquences et les distances. Les fréquences de l'homme sont limitées et lentes. Par ailleurs, en présence d'hommes qui les stimulent auditivement (à l'aide de microphone et hydrophone), les dauphins se familiarisent avec nos fréquences limitées et lentes et parlent comme l'homme. Ils parviennent alors à imiter le langage de l'homme non seulement dans ses inflexions, mais aussi dans sa phonologie.

La capacité de certains animaux de communiquer au sein d'un groupe dispersé sur 100 $km^2$ surpasse celle de l'homme. Des exemples, tirés de l'expérience de marins-pêcheurs, démontrent la capacité de communiquer rapidement à grande échelle des informations précises au sein d'un groupement d'orgues dispersé sur 100 $km^2$. À la suite d'un tir de harpon émanant d'un baleinier, les cétacés eurent vite fait de s'éloigner de tout navire présentant le même appendice menaçant à l'avant alors qu'ils continuaient de frôler les autres navires de pêche pourtant de même type.

# PARTIE 6

# LE RAISONNEMENT THÉORIQUE OU MÉTACOGNITION

# CHAPITRE 15

# LES ANIMAUX SONT CAPABLES DE RÉFLEXIONS THÉORIQUES

Pour Darwin, la raison se trouve au sommet de toutes les facultés de l'esprit humain. Il ne conteste pas que les animaux possèdent quelque peu d'aptitude au raisonnement. Même si les animaux en possèdent, leurs comportements relèveraient plus, selon lui, en vertu d'une acquisition héréditaire, du développement graduel de l'instinct.

L'apprentissage est un ensemble de mécanismes menant à l'acquisition de moyens qui permettent l'accomplissement d'une tâche de savoirs ou de connaissances.

Les animaux agissaient-ils ainsi par suite de leur expérience individuelle ou d'après l'exemple des plus âgés et plus expérimentés, ou enfin en vertu d'une habitude héréditaire, c'est-à-dire un instinct ?

## Le raisonnement théorique des animaux

Deux aspects permettent de parler de « théorie ». La première tient au fait que les états mentaux ne sont pas des phénomènes directement observables et qu'il faut donc les inférer. De plus, l'existence de ces systèmes inférentiels permet à celui qui les possède de réaliser des prédictions à propos du comportement d'autres individus. Pour un naturaliste comme Georges-Louis Leclerc, comte de Buffon (7 septembre 1707 – 16 avril 1788), l'animal n'est qu'un automate[41]. Ses théories ont influencé les deux générations des évolutionnistes, en particulier Jean-Baptiste Pierre Antoine de Monet, chevalier de La Marck, dit Jean-Baptiste de Lamarck (1er août 1744, Bazentin, b-18 décembre, 1829 Paris).

Aristote (384-322 av. J.-C.) affirmait que l'homme était le seul des animaux à posséder le *logos* (mot grec, traduit approximativement en français par « la raison ») et « l'âme pensante ».

Pour Jean-Jacques Rousseau, *Essai sur l'origine des langues,* l'homme est un animal capable de réfléchir. C'est cette faculté qui le place au premier rang des créatures.

Pour Jean-Jacques Rousseau, la pensée de l'animal s'apparente à une mécanique dont elle ne peut maîtriser le fonctionnement. Avec la réflexion, au contraire, s'ouvre le domaine de la liberté de la pensée dont dépend l'aptitude au raisonnement. Grâce à elle, l'homme peut délier ce qui est lié dans l'expérience, et par conséquent analyser ou abstraire, comparer les idées afin d'en saisir les rapports d'identité et de différences, ce qui s'appelle juger ; enfin combiner les idées de manière novatrice, en quoi réside l'essence du talent et du génie.

Au XVIIe siècle, le philosophe français René Descartes (1596-1650) marqua l'imaginaire collectif avec sa théorie des *animaux-machines*. Les animaux n'ont pas la faculté de réfléchir de manière abstraite et adaptée à chaque situation : ils se rapprocheraient des machines… Il exposa sa vision de l'inintelligence de l'animal à travers deux textes : la cinquième partie du bien connu *Discours de la méthode* et la fameuse lettre au marquis de Newcastle.

Au Xe, XVIIe siècle, la théorie des animaux-machines est encore défendue par Nicolas Malebranche (1638-1715).

La phylogenèse est souvent associée à la « cognition » qui rend l'homme « humain » : le raisonnement, l'apprentissage, la créativité, l'attention, la métacognition.

La cognition, en tant que critère dans différentes catégories (classes, types, taxons) censé regrouper les origines des êtres vivants en fonction

---

[41] Buffon est surtout célèbre pour son œuvre majeure, l'*Histoire naturelle, générale et particulière, avec la description du Cabinet du Roy*, en 36 volumes parus de 1749 à 1789.

de leurs similarités ou de critères communs, est considérée comme le trait distinctif caractérisant l'humanité.

Darwin réfute divers exemples de raison trouvée par son contradicteur Rengger, chez les animaux. Rengger raconte que les premiers œufs qu'il avait donnés à ses singes avaient été maladroitement écrasés de manière qu'une grande partie de leur contenu fut perdu ; mais qu'ensuite ils étaient arrivés à frapper doucement une de leurs extrémités contre un corps dur, puis enlevaient les fragments de coquille à l'aide de leurs doigts. Après s'être une fois coupés avec un instrument tranchant, ils n'osaient plus y toucher, ou ne le maniaient qu'avec les plus grands soins. On leur donnait souvent des morceaux de sucre enveloppés dans du papier, et Rengger y ayant quelquefois substitué une guêpe vivante, ils avaient été piqués en le déployant à la hâte ; mais ensuite, ils eurent le soin de toujours porter le paquet à l'oreille pour savoir si quelque bruit se produisait au-dedans. Pour Darwin, de pareils faits -chacun peut en observer de semblables chez le chien- ne peuvent guère dépendre de la modification d'aucun instinct. Mais pour Darwin, « C'est en voyant leurs semblables… », depuis assez longtemps pour que l'hérédité ait pu entrer en jeu.

Georges-Louis Leclerc dit Buffon distingue l'homme par cette capacité « d'invention » et de perfectionnement. Pour Rousseau, la perfectibilité est le signe de tous les changements survenus dans l'histoire et de toutes les capacités que l'homme a déployées pour s'élever au-dessus de sa condition originelle.

L'intelligence est l'ensemble des processus qui permettent de comprendre, d'apprendre ou de s'adapter à des situations nouvelles. L'attention est la faculté de se consacrer à un objet : d'utiliser ses capacités à l'observation, l'étude, le jugement d'une chose, quelle qu'elle soit, ou encore à la pratique d'une action. L'intelligence animale est étudiée sous différents angles, dont l'utilisation d'outils, la mémoire et le langage.

Deux raisons permettent de parler de « théorie ». La première tient au fait que les états mentaux ne sont pas des phénomènes directement observables et qu'il faut donc les inférer. De plus, l'existence de ces systèmes inférentiels permet à celui qui les possède de réaliser des prédictions à propos du comportement d'autres individus.

C'est une démarche standardisée visant la sélection de la meilleure solution possible pour un problème donné. On dénombre généralement 6 aspects : résolution personnelle d'un problème ; capacité d'utiliser des outils (ressources à mobiliser) ; imaginer des solutions nouvelles ; évaluer la solution ; changer de solution en cas d'échec ; exprimer des émotions en cas de réussite ou d'échec.

Il reste impossible d'expliquer la sélection naturelle au moyen du mécanisme de la culture et de l'intelligence qui ne sont pas le propre de l'homme : l'apprentissage d'une langue, la capacité d'utiliser des outils, le comptage, le raisonnement, l'expression des émotions, la médecine, la construction

Les chimpanzés créaient et utilisaient des outils. Ces outils sont multiples et complexes, empreints d'un caractère traditionnel et sont employés différemment (La primatologue Jane Goodall).

> « Il ne fit aucune tentative d'utilisation d'un outil pour atteindre la nourriture durant sept séances de 20 minutes réparties sur sept jours différents. Puis il eut ce qui semble être une révélation soudaine et se dirigea droit vers le bloc, le poussa en ligne droite juste sous le fruit, grimpa dessus et attrapa le fruit en un mouvement agile. Nous ne pouvons pas voir dans leur tête… mais le fait qu'il se dirigea immédiatement vers le bloc suggère qu'il avait imaginé d'avance [la marche à suivre]. »

> « Afin d'aller à un autre endroit pour aller trouver un outil qui n'est pas visible près de l'objectif, l'éléphant doit imaginer ce dont il a besoin, savoir ou le trouver, s'éloigner de l'objectif qu'il veut atteindre afin de trouver l'outil, et ainsi de suite — tout cela allant bien au-delà du modèle d'apprentissage habituel de la plupart des animaux. Cette trouvaille est une preuve supplémentaire que les éléphants sont à classer parmi les animaux "à gros cerveau" lorsqu'il est question de compréhension de la notion de cause à effet et de résolution mentale de problème. »

Les corvidés peuvent fabriquer des outils. Par exemple, ils vont tordre une brindille plutôt que d'en chercher une déjà tournée de la bonne manière. De plus, les chercheurs notent que ces oiseaux transportent leurs outils, qui leur permettent d'attraper larves et insectes. Les corbeaux font preuve d'une grande imagination. Ils font casser les noix par les voitures dans la circulation routière pour casser les noix qu'ils sont incapables de briser eux-mêmes. Les corbeaux s'arrêtent aux feux de circulation et attendent patiemment la lumière rouge avant de récupérer leur butin. Les geais, de leur côté, ont trouvé une stratégie pour éliminer les parasites de leur plumage. Ils s'assoient sur les nids de fourmis, qui les arrosent d'acide formique.

## Métacognition des animaux : capacité d'évaluer ses propres connaissances

Du fait que les concepts mathématiques ne sont pas des phénomènes directement observables et qu'il faut donc la métacognition. Ces concepts comme les systèmes inférentiels permettent à celui qui les comprend de réaliser des prédictions. Certaines études montrent que les dauphins, parmi d'autres animaux, comprennent des concepts tels que plus ou moins en termes de continuité numérique. Une recherche récente a montré que les dauphins peuvent être capables de distinguer entre les numéros.

Le rat est aussi capable de métacognition, dans l'habileté à évaluer ses propres connaissances. Donc, à partir du moment où le rat n'est plus dans l'apprentissage d'une action, il parvient à réfléchir à cette action. Il a été démontré par une expérience de Foote et Crystal que le rat est, comme l'humain, capable d'accéder à un tel stade de maturité intellectuelle. Les rats avaient deux choix : répondre correctement à la question et recevoir une grosse récompense (ils ne recevaient rien pour une mauvaise réponse) ou éviter la question et obtenir la moitié de la récompense. L'expérience consistait à lui faire entendre des sons, afin qu'il juge si le son était long ou court. Quand le son est long ou court, le chat répondait correctement. Au fil de l'expérience, lorsque les sons devenaient de plus en plus difficiles à classer, les rats choisissaient de ne pas répondre, plutôt que de donner une mauvaise réponse et de ne rien obtenir. Ils ont donc pu prouver qu'ils étaient capables de discerner leurs propres connaissances.

En 2007, Kornell et ses collègues[42] introduisent également, pour la première fois, un second critère de contrôle métacognitif : un animal est-il capable de rechercher activement des informations supplémentaires lorsqu'il se rend compte qu'il n'en sait pas assez ? Dans une tâche de mémoire sérielle sur écran tactile, où l'animal doit découvrir par essai et erreur l'ordre qui lui est demandé, les singes macaques apprennent effectivement à utiliser à bon escient une touche « indice » qui indique quel est le prochain élément de la séquence, mais conduit également à une dévaluation de la récompense. À mesure que chaque liste d'images

---

[42] Nate Kornell et alii, *Transfer of Metacognitive Skills and Hint Seeking in Monkeys*, February 2007, Psychological Science 18(1) : 64-71

est mémorisée, la proportion d'appuis sur la touche « indice » diminue proportionnellement. À ce stade, l'introduction d'une liste nouvelle augmente considérablement le nombre d'indices demandés. Cette intéressante expérience suggère donc qu'un animal peut « savoir qu'il ne sait pas » et déployer des capacités de contrôle métacognitif afin d'obtenir plus d'informations.

Des recherches ont, en effet, permis de montrer que les abeilles sont capables de générer puis de manipuler des concepts afin d'accéder à une source de nourriture. Dans ces expériences, un groupe d'abeilles a été entraîné à pénétrer dans une enceinte, afin de récolter de la solution sucrée. Dans cette enceinte, les abeilles rencontraient deux stimuli placés chacun sur une cloison. Chaque stimulus était composé de deux images distinctes soit l'une au-dessus de l'autre, soit l'une à côté de l'autre.

Les chercheurs avaient placé un orifice au centre de ces paires d'objets, délivrant, soit une récompense, de l'eau sucrée, soit une punition, en l'occurrence une goutte de quinine. L'idée était que les abeilles soient récompensées en fonction de leur niveau de compréhension du concept « au-dessus de », ou au contraire punies, en fonction de leur compréhension du concept « à côté de ». Pour corser ce dispositif d'évaluation, les chercheurs faisaient varier en permanence les images, tout en maintenant les relations « au-dessus de » et « à côté de » ainsi que leurs associations respectives, soit à la récompense, soit à la punition. Contre toute attente, après seulement une trentaine de tentatives, les abeilles avaient appris à reconnaître sans la moindre erreur la relation qui leur donnait accès à l'eau sucrée…

Dans une autre expérience, ces abeilles étaient exposées à de nouvelles images dont le seul point commun avec les figures de l'entraînement était leur disposition. Les abeilles ont également réussi cette nouvelle épreuve : alors qu'elles n'avaient pourtant jamais vu ces nouvelles images, elles ont rapidement choisi correctement la cible en fonction de cette relation d'ordre abstrait. L'ensemble de ces expériences très rigoureuses a permis, au final, de confirmer de manière très solide, que ces abeilles étaient également capables de comprendre et de manipuler le concept de « différence » pour prendre leur décision.

Cette étude, confortée depuis par d'autres travaux, est considérée comme un tournant dans les recherches sur l'intelligence animale et elle remet sérieusement en question la certitude longtemps établie que seuls des cerveaux de mammifères sont capables d'élaborer un savoir abstrait et conceptuel.

En octobre 2015, une autre étude réalisée conjointement par l'équipe de Martin Giurfa et Jean-Marc Devaud au Centre de recherche sur la cognition animale, en collaboration avec des chercheurs du laboratoire Évolution, génome, comportement et écologie et de l'université Libre de Berlin, a cherché à mieux évaluer les capacités des abeilles à résoudre des discriminations complexes dites non linéaires qui requièrent un traitement cognitif particulièrement élaboré[43].

Dans ces recherches, les scientifiques ont travaillé sur une population d'abeilles qui recevaient deux odeurs A ou B récompensées avec une gouttelette de sucre mais, chaque fois que A et B étaient présentées simultanément, aucune récompense n'était offerte. Ces présentations étaient proposées de façon aléatoire et ces abeilles devaient donc apprendre à répondre aux odeurs A et B et à inhiber leur réponse au mélange AB non récompensé. Les abeilles, là encore, ont réussi rapidement à résoudre ce problème pourtant complexe, car non linéaire, qui peut se résumer ainsi « Si A et B sont récompensés, AB doit être doublement récompensé ».

[43] Cf. PNAS first published October 12, 2015; **https://doi.org/10.1073 /pnas.1508422112**. *Neural substrate for higher-order learning in an insect: Mushroom bodies are necessary for configural discriminations*

Jean-Marc Devaud, Thomas Papouin, Julie Carcaud, Jean-Christophe Sandoz, Bernd Grünew

# CHAPITRE 16

# CAPACITÉS D'ANTICIPATION

## Capables d'inférences transitives : savoir évaluer

Une des capacités d'anticipation est celle d'un raisonnement théorique et l'inférence. Les rats sont capables d'inférence transitive.

Les rats sont capables d'inférence transitive (intelligence temporelle et numérique). Autrement dit, ils apprennent rapidement à évaluer quels comportements adopter en fonction du temps alloué et du nombre d'objets attribués dans une situation donnée. Des expériences effectuées par L. Kohlberg le démontrent. Par exemple, dans l'une d'entre elles, les rats devaient se restreindre à manger un nombre précis de cubes de nourriture, sans quoi ils étaient punis. Une fois ce châtiment aboli, les rongeurs se ravitaillaient sans se limiter ; alors que si la punition était restaurée, ils s'empressaient de s'échanger des cubes, pour respecter la règle.

Un petit chat ayant égratigné le singe, qui était sa mère adoptive. Celle-ci, très étonnée du fait, fit preuve d'intelligence, en examinant les pattes du chat. Elle coupa aussitôt les griffes avec ses dents. Burrhus Frédéric Skinner en est arrivé à des résultats aussi concluants. Le rat comprenait le lien entre le geste effectué et la récompense qui en découlait. L'animal semblait attendre uniquement son dû, au moment opportun. D'autre part, lorsque les pastilles n'étaient distribuées qu'à intervalle régulier, le rat évaluait cette durée et pressait le levier.

Les chercheurs Davis et Parriag ont démontré l'excellente capacité des rats à évaluer les distances. Les rats sont ainsi capables de retenir des informations multiples et distinctes de leurs expériences passées. Ils peuvent donc assimiler le sujet (quoi ou qui), le lieu (où) et le moment (quand). Une expérience de Babb et Crystal (2006) a ainsi démontré que les rats peuvent se souvenir de contraintes spatiales ou temporelles qui limitent l'accès à la nourriture. Ils sont aussi capables d'adaptation si les paramètres viennent à changer.

## Les animaux résolvent des problèmes mathématiques

La capacité des animaux à compter est généralement testée en proposant le choix entre au moins deux dispositifs différant par le nombre d'items (le bon choix étant associé à une récompense), et en variant les situations de choix. Les singes et les oiseaux sont capables de compter : par exemple, les cormorans utilisés par les pêcheurs sont capables de compter le nombre de poissons qu'ils pêchent. Un article publié dans Biological Journal of the Linnean Society a rapporté que lorsque les pêcheurs entraînaient les cormorans à manger tous les huitièmes poissons pêchés, ces derniers étaient capables de compter leur pêche jusqu'à huit. Si les pêcheurs refusaient de leur donner un huitième poisson, ils refusaient de pêcher à nouveau. Les abeilles aussi savent compte.

Le perroquet distingue la forme, la couleur et la matière d'un objet et parvient à compter un nombre d'objets. Il est capable de dire quel objet est plus gros que l'autre. Cette capacité a été démontrée chez les gris du Gabon et des singes.

## Un comportement non instinctif par l'auto-identification

Le thème de l'attribution des savoirs concerne en premier lieu les connaissances qu'un individu peut élaborer à propos de lui-même. Une méthode pour évaluer ces connaissances se rapporte par exemple aux réactions que cet individu manifeste devant son image dans un miroir.

L'un des tests les plus usités pour vérifier l'intelligence d'un animal est l'épreuve du miroir, qui consiste à placer l'animal à tester seul devant un miroir pour voir s'il se « reconnaît », s'il a conscience de lui-même. Pour ce faire, l'animal est marqué avec de la peinture à un endroit où il ne peut pas s'observer lui-même, par exemple sur le front pour un chimpanzé. Ensuite, l'observateur étudie le comportement de l'animal : s'il attaque son reflet ou le fuit, c'est signe d'un comportement instinctif. Différemment, s'il tente de chercher ce qu'il y a derrière le miroir, s'il touche la marque de peinture avec insistance et s'il inspecte diverses autres parties de son corps qu'il ne peut observer par lui-même, c'est signe qu'il comprend que c'est lui qu'il voit dans le miroir, et donc cela prouve qu'il a conscience de lui-même. Les grands singes, le dauphin, l'orque, la pie, le corbeau, l'éléphant et le porc ont passé avec succès le test du miroir ou celle de la caméra.

## Comportements non instinctifs : Les animaux sont capables de mentir

Dans son livre, *Sapiens*, la première période de l'histoire que nous rappelle Harari[44], professeur à l'université hébraïque de Jérusalem, est celle de la mutation cognitive connue par l'espèce humaine. Il affirme qu'il y a 70 000 ans, les facultés cognitives de l'homme ont connu une mutation. Sapiens se serait alors plus distingué des autres animaux par sa capacité à inventer et à croire à des fictions et des histoires.

La primatologue, Sue Savage-Runbaugh, observa avec l'aide de Kanzi, singe bonobo, que les primates sont capables de mentir. Pour ce faire, elle offrit une clé à Kanzi. Ce dernier alla la cacher une fois Sue repartie. Par la suite, la chercheuse demanda au singe de lui redonner la clé, mais semblant l'avoir perdue, tous les deux se sont mis à la chercher, sans résultat. Une fois seul, le singe alla chercher la clé et l'utilisa pour sortir de son enclos.

Au Marine Mammal Studies Institut dans l'État du Mississipi, il a également été observé que les dauphins résidents semblent montrer une prise de conscience de l'avenir. Les dauphins sont formés pour garder leur bassin propre en récupérant les déchets et en les amenant à un

[44] Y. N., Harara, *Sapiens,* édition Albin Michel

gardien, afin d'être récompensés avec un poisson. Toutefois, un dauphin, nommé Kelly, a apparemment appris un moyen d'obtenir plus de poissons, en cachant la poubelle sous un rocher au fond de la piscine et en apportant petit à petit des morceaux.

Une expérience du chercheur Bernd Heinrich prouve que les corbeaux réussissent à se berner les uns les autres. Le scientifique a observé un corbeau qui tenait un biscuit dans son bec et tentait d'échapper à l'attention de ses semblables. Après un certain temps, l'animal a caché son butin sous une touffe d'herbe. Aussitôt, un autre corbeau est allé récupérer le biscuit. Mais le biscuit n'y était plus : le premier corbeau l'avait plutôt caché ailleurs.

Un autre cas recensé de mensonge implique la femelle gorille Koko. S'exprimant en langage gestuel, elle impliqua sa monitrice alors qu'elle avait détruit un évier. Lorsqu'on lui demandait pourquoi elle avait commis un tel geste, Koko répondait avec front : « Kate évier mal ». On peut en conclure, par ce mensonge, que l'animal détient la science, la sagesse, l'art et la précaution. La science est l'habitus par lequel nous saisissons la vérité d'une conclusion à travers celle de ses principes. La sagesse, faite d'intelligence et de science, permet de connaître les notions et les conclusions les plus dignes et les plus difficiles. L'art est la **création-invention**, au niveau du mécanisme de la pensée et de l'imagination, d'une idée originale traduisible en effets perceptibles par nos sens. La précaution est un savoir-faire dans l'ordre de l'exercice de la liberté et de l'agir.

## Comportements non instinctifs : Capacité d'apprendre des règles

Pour ce qui concerne leurs capacités logiques, des expériences ont montré que les rats ont la capacité d'apprendre des règles et de les transférer d'une situation à une autre, qu'ils sont capables d'inférences causales (Opération logique par laquelle on admet une proposition en vertu de sa liaison avec d'autres propositions déjà tenues pour vraies) et possèdent l'aptitude de distinguer la cause d'un simple phénomène associé. Les otaries maîtrisent le concept d'identité logique entre deux éléments visuels très différents. Les chimpanzés ont le sens de la causalité, savent raisonner de façon inférentielle par exclusion, connaissent les règles élémentaires de la physique (idée du poids sur une balance…) et certains d'entre eux sont capables de raisonner selon un processus d'inférence transitive.

## Un comportement non instinctif par la compréhension d'un jeu complexe créé par un homme

> « Ma femme m'ayant appris qu'un chien qu'elle avait étant jeune fille jouait avec elle à cache-cache, j'avais enseigné ce jeu à mon chien en quelques minutes. Il s'agissait pour lui de trouver un mouchoir de poche que l'on cachait dans l'appartement. Il fallait voir avec quelle conscience grave le chien se tenait immobile dans un coin sans tourner la tête jusqu'au moment où on lui disait : Cherche ! Il cherchait alors avec fureur, trouvait assez vite le mouchoir, le rapportait tout joyeux, puis de lui-même allait se remettre dans son coin. »[45]

Les dauphins sont connus pour se livrer à une posture de jeu complexe, tel que la production stable sous l'eau de vortex d'air en figure d'anneaux ou de bagues à partir de bulles. Il existe deux principaux moyens de production de ces anneaux de bulles : la véloce projection d'air dans l'eau qui lui permet de remonter à la surface, formant un anneau ; ou la nage de manière réitérée dans un cercle, puis bloquée pour injecter de l'air des courants hélicoïdales dans le vortex ainsi formé. Les dauphins alors examinent souvent leurs créations visuellement et avec leurs sonars. Ils semblent également aimer mordre les vortex qu'ils ont créés, pour qu'ils éclatent dans de nombreuses bulles distinctes, montant rapidement à la surface.

Certains cétacés sont également connus pour produire des anneaux de bulles, des filets ou des spirales de bulles dans le but de recherche de nourriture. Plusieurs espèces de dauphins sont également connues pour jouer en tournant dans les vagues : naturelles à proximité du rivage dans une méthode semblable à l'homme qui surfe ; ou dans celles induites par la proue d'un bateau en mouvement dans un comportement connu sous le nom de « chevauchée en arc ».

---

[45] Cf. René Trégouët

## La cognition comparative pour voir le parallélisme avec l'évolution

Darwin positionne les primates, juste en dessous de l'homme, pour justifier la théorie de l'évolution. La recherche de la cognition comparative du dauphin est l'une des principales méthodes de l'enquête de l'intelligence des cétacés. Les exemples de dispositions cognitives étudiées chez le cétacé comprennent : la connaissance de concepts, l'habileté sensorielle et l'emploi du dessin mental de dauphins. Ce type d'études est en cours à partir de la fin des années 1960 par Louis Herman, Mark Xitco, John Gory, Stan Kuczaj ou Adam Pack, et comprend des éléments significatifs : mimétisme acoustique, mimétisme de comportement (inter et intraspécifique), compréhension des nouvelles séquences, mémoires, suivi de ses propres comportements, catégorisation d'objets, discrimination et appariement (identité correspondant à l'échantillon, à l'échantillon retardé, correspondant à travers écholocation et vision, correspondant arbitraire de l'échantillon, rapports sur l'absence d'identité, comportements créatifs synchrones entre deux animaux, compréhension des symboles pour les différentes parties du corps, compréhension du geste de pointage et du regard (faite par les dauphins ou les humains), résolution de problèmes, écoute écho locative, etc.).

Les dispositions cognitives des cétacés sont supérieures à celles des primates. Or, contrairement aux primates, les cétacés, selon la théorie de l'évolution, seraient particulièrement éloignés des hommes dans le temps de l'évolution (phylogénèse). Par conséquent, les capacités cognitives ne peuvent pas être rapportées à un ancêtre commun. Si les cétacés sont les ancêtres des humains (comme tous les mammifères) dans le passé lointain, leurs capacités cognitives devaient être nettement inférieures par rapport à leurs descendants éloignés comme les primates.

## Le comportement non instinctif : la clairvoyance des animaux : prise de conscience de l'avenir

En mars 2016, une étude australienne, intitulée « Ce que les insectes peuvent nous dire des origines de la conscience » avait fait sensation dans le monde scientifique[46] en montrant que le comportement extraordinaire des insectes ne relève pas de l'instinct ou de la programmation génétique, mais d'une véritable intelligence. Ce travail très sérieux, réalisé par les chercheurs Andrew B. Barron et Colin Klein (Université de Santa Barbara, en Californie), a en effet montré que les ganglions cérébraux - qui servent de centres de l'information chez les insectes - sont structurellement proches du mésencéphale (l'une des trois grandes régions du tronc cérébral). Or le mésencéphale permet de se positionner dans l'espace et joue un rôle clé, chez de nombreux poissons et mammifères, par la formation d'une impression subjective qui renvoie à la clairvoyance.

Chez les abeilles, cette **clairvoyance** de premier niveau est particulièrement développée, car, selon cette étude, les abeilles se repèrent à plusieurs kilomètres de la ruche en traitant vite une foule de données sensorielles.

Une passionnante étude réalisée par des chercheurs du CNRS[47] et de l'université de Toulouse est venue enrichir et conforter les extraordinaires résultats qui invalident un comportement purement instinctif des animaux, de ces chercheurs de l'université américaine, en **vérifiant l'hypothèse d'une véritable intelligence** chez les insectes. De précédents travaux avaient déjà montré que certains vertébrés maîtrisaient des concepts numériques complexes, notamment l'addition ou la notion de zéro. Ces chercheurs ont donc voulu vérifier si les abeilles pouvaient elles aussi comprendre le concept de « plus grand que » et « plus petit que ». Ils ont d'abord appris aux abeilles à venir boire sur un dispositif expérimental associant une plate-forme à une image. Si les abeilles choisissaient l'image comportant le moins d'éléments, les abeilles étaient récompensées ; en revanche, le choix du plus grand nombre d'éléments était puni. En choisissant sans hésiter, dans les

---

[46] Cf. PNAS, ibidem

[47] CNRS/Université Toulouse III – Paul Sabatier, *Les abeilles comprennent le concept de zéro, Publié,* 07 juin 2018

expériences, l'image vide comme étant celle comportant le moins d'éléments, les abeilles ont montré qu'elles étaient capables de réfléchir, en considérant, sans hésiter, que le zéro est inférieur à 5, 4, 3, 2 ou 1. Lors de cette remarquable expérience, les abeilles ont montré clairement qu'elles pouvaient assimiler le concept abstrait de zéro…

Aussi, des recherches nouvelles menées dans le domaine de la biorobotique par l'équipe du Professeur Mandyam Srinivasan, de l'Université de Queensland en Australie, ont cherché à comprendre la source des extraordinaires capacités des abeilles. Est-ce dans les gènes ou lié à un mécanisme cognitif? Ces scientifiques ont voulu savoir comment les abeilles, dépourvues de vision binoculaire, pouvaient évoluer dans un espace en trois dimensions avec une telle virtuosité et une telle efficacité, empruntant très facilement de minuscules orifices et parvenant toujours à leur but en un temps record. Selon ces chercheurs, cette étonnante aptitude repose sur l'utilisation par les abeilles du « flux optique », un mécanisme cognitif de séquençage d'images captées par l'observateur en mouvement. C'est cet « instrument de vol » qui permet aux abeilles, malgré leur vue très médiocre, de pouvoir se déplacer sur de longues distances très rapidement, en évitant les obstacles et en prenant toujours le chemin le plus court.

Toutes ces recherches récentes montrent donc que de nombreux insectes, et en particulier les abeilles, qui doivent aller chercher leur nourriture sur de grandes distances (plus de 10 km) et évoluer dans des environnements complexes, savent faire preuve de véritables comportements intelligents, qui ne relèvent pas de l'instinct ou de la programmation génétique. Cette découverte à présent incontestable marque un tournant majeur, non seulement dans la connaissance du comportement et des capacités des animaux dits « moins évolués » mais également, et de manière bien plus large, en matière de compréhension des différents processus cognitifs à l'œuvre dans la nature et des multiples formes d'intelligence qu'on dit s'être développées à la faveur d'une très longue évolution de plusieurs centaines de millions d'années. Ces récents et passionnants travaux, tous convergents, amènent à reconsidérer le regard condescendant sur les insectes. Ces minuscules êtres vivants semblent en effet, par bien des aspects, défier les lois de l'information et de la cognition. Il est prouvé une faculté « d'économie cognitive » qui permet à certains insectes, avec un minimum d'énergie et un substrat biologique considéré comme cérébral rudimentaire par rapport au nôtre, d'accomplir des prouesses que l'homme ne peut accomplir. Les insectes, avec un cerveau en moyenne un million de fois plus petit que le nôtre (et 100 000 fois moins de neurones pour l'abeille), sont pourtant capables de révéler, dans certaines circonstances, des capacités cognitives supérieures à celles de l'homme.

# CHAPITRE 17

# LES CAPACITÉS CRÉATIVES DES ANIMAUX

Xitco a signalé la capacité des dauphins à épier passivement lors d'inspection active (écho locative) d'un objet par un autre dauphin. Herman appelle cet effet la « lampe de poche acoustique », hypothèse qui pourrait être liée aux résultats sur la compréhension des variations du geste de pointage, y compris celui de l'homme, du pointage postural du dauphin, et du regard humain, dans le sens d'une réorientation de l'attention d'une autre personne, une capacité qui peut exiger un esprit théorique.

## Le sens de l'esthétique

Darwin minimise l'existence du sentiment du beau chez les espèces inférieures. « On a déclaré que.... Les oiseaux qui, décorant avec goût leurs passages de jeu avec des objets de couleurs gaies, comme le font les oiseaux-mouches pour leur nid, fournissent ainsi la preuve qu'ils possèdent un sentiment du beau. ... ce qui est impossible à admettre ». .... Darwin affirme que l'idée du beau évolue avec l'espèce, ce qui explique pourquoi des races inférieures puissent admirer encore des laideurs « Le goût du beau, diffère beaucoup dans les différentes races, et n'est même pas identique dans les nations diverses d'une même race. À en juger par les ornements hideux et la musique non moins atroce qu'admirent la plupart des sauvages, on pourrait conclure que leurs facultés esthétiques sont à un état de développement inférieur à celui qu'elles ont atteint chez quelques animaux, comme les oiseaux ».

Pour Darwin, « Il est évident qu'aucun animal ne serait capable d'admirer des scènes comme le ciel pendant la nuit, un beau paysage ou une musique savante ; ces goûts relevés dépendant, comme ils le sont, de la culture des associations d'idées complexes, n'étant déjà nullement appréciés par les barbares ou les personnes dépourvues d'éducation ».

Les animaux font de l'art pour l'art et ont le sens de l'esthétique. Un des exemples est le *tétraodontidé.* Le poisson-ballon réalise des œuvres d'art, de précision et d'esthétique dignes des plus grands artistes humains sophistiqués. Sur le sable, était sculptée une rosace étonnamment esthétique. Ce petit poisson-globe sculpte sur le sable au fond de l'eau de superbes labyrinthes symétriques. Le cercle faisait près de 2 mètres de diamètre et présentait une structure parfaitement géométrique ! On les croirait faits de main d'Homme. Il protège ses fragiles œuvres d'art par une attention et un entretien constants afin de ne pas être détruites par les courants. Ces œuvres d'art servent, semble-t-il, à attirer les femelles et à lui protéger les œufs. Elles viennent parcourir les ondulations, les couloirs et les vallées de la sculpture de sable où l'attend le mâle. De plus, le centre du cercle agit grâce à ses rainures, comme une protection naturelle contre les courants océaniques.

Remarquant la qualité de l'œuvre artistique d'un chimpanzé de 4 ans, un facétieux journaliste nommé Åke « Dacke » Axelsson décide de tester les critiques d'art. Sont-ils capables de faire la différence entre une véritable œuvre abstraite et une toile peinte par un chimpanzé sous le pseudo de *Peter Brassau* ? L'histoire a lieu en Suède en 1964. À sa grande surprise, les critiques adorèrent les peintures de Peter. L'un d'eux alla même jusqu'à écrire :

> « Brassau peint avec des traits puissants, mais aussi avec une détermination claire. Ses coups de pinceau s'accompagnent d'une furieuse méticulosité. Peter est un artiste qui compose avec la grâce d'un danseur de ballet ».

L'une de ses peintures de *Peter* fut même vendue à un collectionneur pour la modique somme de 90$ de l'époque (environ 650 dollars actuels).

Desmond Morris, un zoologiste, ethnologue et peintre surréaliste a appris à un autre chimpanzé Congo (1954-1964) à peindre sur du papier et des toiles. En juin 2005, trois peintures de Congo réalisées en 1954 se sont vendues aux enchères pour plus de 25 000 $US alors que la maison d'art Bonhams ne pensait pas dépasser le dixième du montant payé par le collectionneur Howard Hong. Pour justifier son achat, Hong a affirmé que l'homme ne pouvait prétendre détenir le monopole de l'art abstrait.

En juillet 2010, le Français Jean-François Déreck achète la dernière toile réalisée par Congo pour la somme de 10 000 $US.

Jessica est une femelle Chimpanzé, en train de peindre à la Réserve africaine de Sigean ». Thierry Lenain décrit les œuvres du chimpanzé. Les œuvres de Jessica présentent des successions de zones colorées de superficie décroissante. Le premier ensemble de traits occupe largement le champ, le second s'inscrit au sein du premier, et ainsi de suite. Souvent, une zone claire est prise comme champ secondaire et attire un groupe de traits plus foncés qui la remplissent quelquefois de façon quasi parfaite. »[48] Aujourd'hui âgée de 42 ans, Jessica peint depuis son plus jeune âge et ses œuvres ont déjà fait l'objet d'une exposition à Londres en 1991. Ses peintures ainsi que celles de nombreux autres Chimpanzés sont en exposition permanente au restaurant-cafétéria de la Réserve africaine de Sigean[49].

## II. Capacité de produire des réponses créatives

En plus d'avoir démontré leur capacité à apprendre des choses complexes, les dauphins ont également démontré la capacité de produire des réponses créatives. Ceci a été étudié par Karen Pryor au milieu des années 1960, au Sea Life Park à Hawaï. Les deux sujets d'essai étaient de l'espèce dauphin à bec étroit (*Steno bredanensis*), du nom de Malia (montré régulièrement au) et Hou (sujet de recherche à l'Institut océanique adjacent). L'expérience consistant à tester les dauphins afin de savoir s'ils seraient capables d'identifier quand ils étaient récompensés (par des poissons) pour l'originalité de leur comportement a été très fructueuse. Cependant, puisque seulement deux dauphins y ont été impliqués, l'étude est difficile à généraliser.

En commençant par le dauphin désigné Malia, la méthode employée était de choisir un de ses comportements particuliers quotidiens et de récompenser chaque démonstration de ce comportement tout au long de

---

[48] Thierry Lenain, La Peinture des Singes, Paru en mai 1990, éditeur Alternatives

[49] http://zoo.sigean.pagesperso-orange.f...

la session du jour. Au début de chaque nouvelle journée, Malia présentera le comportement de la veille, mais ce n'est qu'après la manifestation d'un nouveau comportement que sera donnée une récompense. Tous les comportements exposés ont été, au moins pour un temps, des comportements connus de dauphins. Après environ deux semaines, Malia avait apparemment épuisé tous les comportements normaux et se mit à répéter les performances ; cela n'a pas été récompensé.

Selon Pryor, le dauphin s'était presque découragé. Cependant, à la seizième session sans nouveau comportement, elle a présenté aux chercheurs un *flip* qu'ils n'avaient jamais vu avant et qui a été récompensé. Pryor rapporte : « Au lieu de proposer le même mouvement, elle a offert un coup de queue que nous n'avions jamais vu et que nous avons récompensé. Elle a commencé à nous offrir alors toutes sortes de comportements que nous n'avions jamais vus dans un tel tourbillon que, finalement, on ne put guère choisir ce à quoi il fallait accorder une récompense. »

Le second sujet test, Hou, a mis trente-trois séances pour atteindre le même stade. À chaque fois, l'expérience a été interrompue lorsque la variabilité du comportement des dauphins est devenue trop complexe pour faire d'autres renforcements positifs significatifs.

La même expérience a été répétée avec des humains, et il a fallu aux volontaires la même longueur de temps pour comprendre ce qu'on demandait d'eux. Après une période initiale de frustration ou de colère, ils ont réalisé avec soulagement qu'ils étaient récompensés lors de comportements nouveaux, alors que les dauphins accueillaient avec excitation cette épreuve.

Les orques en captivité ont souvent affiché des réponses intéressantes quand ils s'ennuyaient. Par exemple, lorsque le D^r^ Paul Spong a travaillé avec l'orque Skana, il a étudié ses capacités visuelles. Toutefois, après avoir effectué favorablement plusieurs essais par jour, Skana se mit soudain à toujours donner des réponses erronées. Le D^r^ Spong a conclu que quelques poissons ne sont pas une motivation suffisante et il a commencé à jouer de la musique, qui semblait plaire davantage à Skana.

L'évolution est un processus - parallèle à la progression linéaire ininterrompue du temps - qui, dans une alternance variable de phase de progressions-stagnations-ruptures-régression…, achemine l'ensemble des facteurs du monde phénoménologique - matière organique et inorganique, concepts et faits - vers l'accomplissement de leur finalité, et qui oriente l'homme vers l'augmentation de ses connaissances, une meilleure compréhension de l'univers, de lui-même, de l'organisation de la société et, en principe, vers un état général qui, dans des laps de temps variés, le propulsent vers sa propre conquête ainsi que celle de son environnement de plus en plus élargi.

L'espèce humaine est considérée comme le produit de l'évolution des capacités cognitives du cerveau. Darwin se livre donc à une éthologie comparée de l'homme et des autres animaux. Ainsi constate-t-il une gradation et une évolution dans les facultés morales et mentales et en déduit-il que ce qui donne cette impression d'évolution « incomparable » de l'homme tient en fait à ses hautes facultés intellectuelles et à son langage articulé, qui en plus de ses instincts sociaux très développés, lui permettent d'*éduquer* sa progéniture et d'opérer ce qu'il est convenu d'appeler le passage de la nature à la culture. Dès lors, même le sens moral ou le sens esthétique, sans parler de facultés intellectuelles telles que la mémoire ou la faculté de délibérer, ou émotionnelles, comme l'affection ou la colère, existent chez les animaux, bien que sous des formes parfois extrêmement frustres. Ces facultés présentes à l'état primitif chez les animaux sont les préalables indispensables aux facultés développées chez l'homme. Elles préparent, en termes logiques – et non théologiques ou finalistes –, à l'humanité[50].

Si les corbeaux savent fabriquer des outils, les fourmis faire la guerre comme personne, les éléphants compter sans se tromper et les chimpanzés peindre des tableaux, que lui reste-t-il en propre ?

L'évolutionnisme postule que les espèces passent, au cours de leur histoire, par les mêmes étapes de développement. L'évolutionnisme n'arrive pas à montrer par quel modus vivendi graduellement obtenu, l'intelligence animale a adopté son plan de structure, et la matière son mode de subdivision.

À ce stade-là, on doit se poser la question-clé : cela a-t-il un sens de vouloir définir l'intelligence des animaux à l'aune de nos critères humains ? Leur parfaite adaptation à leur environnement les conduit-ils vers l'homme ? Leur parfaite adaptation est-elle la manifestation d'une intelligence inférieure ?

Il serait impossible de comprendre comment la cognition et la métacognition sont développées en premier chez les formes inférieures.

---

[50] Charles Darwin, La Filiation de l'homme et la Sélection liée au sexe, *Paris, Éd. Syllepse, 2000, 2e tirage*

Darwin lui-même avoue : « La question de l'intelligence animale m'a toujours vivement préoccupé. Je suis de ceux qui croient fermement à la doctrine de l'évolution et qui, par conséquent, voudraient trouver des formes de transition entre l'homme et les animaux supérieurs. Anatomiquement et physiologiquement parlant, ces formes existent abondamment ; au point de vue intellectuel, je dois avouer que, pour ma part, je n'en connais pas. » [51]

[51] Charles Darwin, *Les facultés mentales de l'homme et celles des animaux inférieurs*, Revue scientifique de la France et de l'étranger, 1871

# CHAPITRE 18

## L'AMÉLIORATION DES CAPACITÉS COGNITIVES N'EST PAS LIÉE À UNE LOI D'ÉVOLUTION DU CERVEAU MAIS À L'ACTIVATION DE LATENCES

L'évolution serait donc un processus linéaire passant par une série d'étapes et qui se répète pour des réalités qui sont au départ semblables et se trouvent dans des conditions comparables.

La faculté innée du langage articulé, de même que *La xénoglossie ou xénolalie* sont une objection à la croyance que l'homme se soit développé d'une forme inférieure. La construction très complexe et régulière d'un grand nombre de langues barbares est une preuve qu'elles doivent leur origine à un acte spécial de création.

*La xénoglossie ou xénolalie désigne la faculté de parler une langue étrangère sans l'avoir apprise, c'est l'expérience linguistique étrange qu'a vécue un adolescent américain après avoir reçu un coup sur la tête. Et il n'est pas le seul dans le cas.*

- Des personnes se sont mises à parler une langue sans jamais l'avoir connue.

Le jeune Américain de 16 ans, Rueben Nsemoh, surprit toute sa famille et ses amis lorsqu'il s'est mis à parler après avoir reçu un gros coup sur la tête. Avant cela, il ne maîtrisait pas cette langue, soulignent plusieurs médias américains.

Des récits comme ceux de Nsemoh ont déjà été mis en avant, rappelle *De Morgen.* Comme le cas de cet Australien qui après un accident de voiture s'est mis à parler soudainement mandarin. Une Croate, après avoir reçu un coup a commencé à s'exprimer en allemand ou encore, un Américain de 61 ans s'est réveillé dans un hôtel de Floride en découvrant qu'il parlait suédois.

La chercheuse basque a aussi analysé cet été avec ses collègues le cas curieux d'un Italien qui après une opération du cerveau ne savait plus parler que français.

Agressé en 2002 devant un bar, Jason Padgett s'est retrouvé avec une sévère commotion cérébrale et un syndrome de stress post-traumatique. Mais l'incident a également transformé Jason Padgett en génie des mathématiques. Désormais, il voit le monde à travers la géométrie.

Cet ancien vendeur de meubles, né à Washington, a subitement développé la capacité de visualiser des objets mathématiques et des concepts physiques complexes à la suite d'un accident.

Désormais, les chercheurs ont réussi à déterminer quelle partie du cerveau a été activée chez l'homme. Selon eux, de telles capacités seraient en fait dormantes dans l'encéphale humain.

- *La xénoglossie*

Peu attiré par les études, la vie de Jason Padgett a changé en une nuit. Il se souvient avoir pris un coup qui l'a assommé et d'avoir vu un flash de lumière. Deux hommes l'ont frappé à la tête alors qu'il tentait de se débattre. Une fois à l'hôpital, les médecins ont déterminé qu'il souffrait d'une sévère commotion cérébrale et d'une hémorragie au rein.

Après l'attaque, Jason Padgett souffrait de stress post-traumatique et d'anxiété sociale. Mais, en même temps, il s'est rendu compte que rien ne semblait comme avant : « Je voyais de discrètes structures avec des lignes les reliant, mais toujours en temps réel », rapporte le Huffington Post. « Tout a pris un côté un peu pixelisé », ajoute Jason Padgett.

Cette nouvelle vision s'est également accompagnée de capacités mathématiques avancées. Il a commencé par dessiner des cercles composés de triangles superposés, lui permettant de comprendre le nombre Pi. Selon lui, il n'existe pas de cercle parfait, car lors de son expérience, il peut toujours voir les bords d'un polygone qui se rapproche du cercle.

Bien que capable de dessiner des figures géométriques complexes, Jason Padgett ne possédait pas l'éducation nécessaire pour les comprendre. Un jour, un physicien lui a conseillé de suivre une formation en mathématiques. Désormais, Jason Padgett est un étudiant de deuxième année à l'université et un théoricien des nombres en devenir.

## La synesthésie contre l'évolutionnisme

Une équipe de neuroscientifiques a cherché comment cette condition s'est développée. Berit Brogaard, de l'Université de Miami, et ses collègues ont fait passer une IRM à Jason Padgett pour découvrir d'où vient sa synesthésie, sa capacité de percevoir les formules mathématiques comme des formes géométriques. « Le syndrome acquis du savant est très rare, seuls 15 à 25 cas ont été décrits dans les annales médicales », explique Berit Brogaard.

Les résultats ont montré une activité significative dans l'hémisphère gauche de Jason Padgett, où résident les capacités mathématiques. Le cortex pariétal gauche, connu pour intégrer les informations des différents sens, s'activait également plus fortement. Idem pour certaines parties du lobe temporal, qui traite la mémoire visuelle et les émotions, et du lobe frontal, impliqué dans la planification et l'attention.

En complément, les chercheurs ont réalisé une stimulation magnétique transcrânienne, qui consiste à appliquer une impulsion magnétique sur le cortex cérébral, afin d'enregistrer l'activité résultant de l'activation ou de l'inhibition d'une zone du cerveau. En envoyant une impulsion dans les régions du cortex pariétal les plus actives, sa synesthésie s'amenuisait ou disparaissait.

## Les capacités dormantes du cerveau (la xénoglossie, le « syndrome du savant », le syndrome de Williams, etc.) sont en contradiction avec l'évolutionnisme

Dans l'hypothèse évolutionniste, la découverte du feu permit de faciliter la digestion et de réorienter l'énergie vers les fonctions cérébrales, engendrant encore le développement du cerveau.

En réalité, les capacités cognitives de l'homme ne sont pas le fruit d'une évolution.

Les capacités cognitives de l'homme ne sont pas le fruit d'une évolution, encore moins de la lutte pour l'existence. Les capacités extraordinaires ne sont pas le fruit d'une accumulation de connaissance de l'homme. Ce postulat est mal fondé, car le potentiel du cerveau est beaucoup plus étendu que ce que ses simples conditions d'existence en ont activé. Le cerveau montre ses prodigieuses capacités après une blessure grave ou une maladie. Les autistes, les personnes atteintes d'un traumatisme crânien sont capables de compétences intellectuelles hors du commun dans certains domaines. Il peut s'agir de prouesses dans les mathématiques, la musique, les langues, le dessin ou encore la mémoire.

Souvent qualifiées de « génies », les personnes atteintes du syndrome du savant témoignent d'une excellence qui contraste avec leur comportement, leur autonomie ou leurs autres capacités.

Les « savants » sont souvent très handicapés dans leurs relations sociales, dans leur expression corporelle ou verbale, mais aussi dans leur autonomie ou leurs capacités d'anticipation.

Cependant, en fonction du domaine dans lequel ils excellent, ils peuvent résoudre des équations mathématiques très complexes, écrire des symphonies, dessiner avec précisions des paysages uniquement d'après leur mémoire, ou parler une dizaine de langues parfaitement.

Le syndrome du savant apparaît après un traumatisme cérébral violent (hémorragie, traumatisme crânien).

**Lachlan Connors, jeune adolescent américain, fait partie des rares chanceux à avoir développé un don, apparu à la suite d'une commotion cérébrale. Alors qu'il était novice dans le domaine musical, ce jeune homme s'est réveillé des suites d'un traumatisme crânien avec un « syndrome du savant » et la faculté de pouvoir jouer treize instruments de musique. Une cinquantaine de cas similaires existent dans le monde, mais la physiopathologie de ce syndrome reste encore floue.**

Selon CBS Denver, Lachlan Connors n'était pas particulièrement doué en musique quand il était enfant. Mais il y a quelques années, il a subi plusieurs traumatismes crâniens qui l'ont envoyé à l'hôpital durant des semaines, et ont provoqué des crises d'épilepsie. Connors est désormais capable de jouer « à peu près de 10 à 13 instruments » d'après CBS.

Le médecin de Connors estime lui aussi que les traumatismes crâniens ont pu contribuer à ses nouveaux talents.

« C'est juste une théorie : il s'agirait d'un talent resté latent dans son cerveau et qui a été retrouvé d'une façon ou d'une autre après l'accident », explique le Dr Spyridon Papadopoulos à CBS. « Il est clair qu'il s'est produit quelque chose dans son cerveau, que son cerveau a dû se remettre de l'accident et qu'un changement s'est alors produit. Et ce changement a révélé chez lui une capacité ignorée de tous. »

Ces capacités sont-elles dormantes chez tous les humains, attendant d'être découvertes ? Ou le cerveau de l'homme était-il déjà particulier à la base ? Probablement que chacun possède une super-capacité enfouie et que Jason Padgett a réussi, par accident, à y accéder. « Ce serait une sacrée coïncidence s'il avait une particularité cérébrale puis ce genre de blessure. Et il n'est pas le seul avec le syndrome acquis du savant », précise Berit Brogaard.

En plus des blessures à la tête, les personnes atteintes de pathologies mentales sont également connues pour révéler des capacités latentes. Berit Brogaard et son équipe ont mené d'autres études montrant qu'utiliser une stimulation magnétique transcrânienne sur le cerveau de personnes saines peut, temporairement, faire ressortir des compétences artistiques ou mathématiques.

## Les capacités dormantes du cerveau sont universelles

Le génie humain n'est pas le fruit d'une évolution génétique ni d'une évolution du cerveau. Le génie extraordinaire de certains peut même provenir d'un dysfonctionnement. Bien que Kim Peek soit un savant, il a des capacités cérébrales exceptionnelles. Il lui manque un corpus callosum fonctionnel (ce qui rend impossible pour ses hémisphères droit et gauche du cerveau d'échanger des informations) et a un cervelet endommagé. Sans corpus callosum, certains développent des capacités mémoire au-dessus de la moyenne. Dans le cas de Kim Peek, il peut lire un nouveau livre en environ 1 heure et parvient à conserver plus de 98 % des informations contenues dans le livre ! Impressionnant.

Daniel Tammet est un savant autiste de haut niveau. Il a été doué d'un talent pour les mathématiques, l'apprentissage des langues, et des compétences de mémorisation au-dessus de la moyenne. Il a été présenté sur un canal de découverte spéciale qui a testé ses capacités et a montré sa capacité à apprendre sans doute la langue la plus difficile, l'islandais, en moins de 7 jours pour apparaître dans une interview. Daniel a un cerveau incroyable et était doué d'une intelligence supérieure à la moyenne.

Le Dr Darold Treffert, psychiatre à l'université de médecine du Wisconsin, a travaillé plus de 40 ans sur le « syndrome du savant ». Il explique que certaines personnes souffrant de troubles mentaux, voire d'autisme, présentent parfois un « îlot de génie » contrastant avec leur handicap.

D'après lui, ce syndrome autrefois appelé le syndrome du « savant idiot » peut aussi survenir de façon acquise, après un traumatisme cérébral. Il explique que des cas ont été décrits dans la littérature.

Un dysfonctionnement de l'hémisphère gauche (hémisphère dominant) provoquerait une compensation par l'hémisphère droit, aboutissant à une prédominance de ses facultés. Des facultés qui existeraient à l'état latent chez certains d'entre les individus et qui pourraient refaire surface suite à un dysfonctionnement (traumatisme, hémorragie cérébrale). En d'autres termes, certaines personnes ayant souffert d'un traumatisme crânien se mettraient soudainement à développer de nouvelles compétences comme par exemple un talent artistique, une aptitude particulière au calcul mental ou encore une hypermnésie (mémoire surdéveloppée).

Il explique que si les causes du « syndrome du savant » ne sont pas clairement connues, les techniques d'imagerie cérébrale sont des outils supplémentaires pour mieux expliquer les mécanismes neurologiques en jeu dans ce syndrome.

## Syndrome du savant en contradiction avec l'évolutionnisme

Même si le domaine est différent, les personnes atteintes du syndrome du savant ont des caractéristiques communes : une mémoire extraordinairement développée ; un souci du détail et une minutie ; de grandes capacités de concentration ; une hypersensibilité sensorielle.

Le syndrome du savant se présente de différentes façons chez chacun. De nombreux domaines peuvent être ainsi exploités à un niveau hors du commun, contrastant avec les autres capacités.

Un, mais rarement plusieurs, s'exprime chez un même « savant » : la musique (composition, instrumentation), l'art (dessin, sculpture, peinture), les mathématiques, les sciences, les langues, la littérature. Kim Peek est un calculateur doté d'une mémoire eidétique. Les personnes peuvent ne pas être autistes et développer un syndrome du savant acquis.

## Syndrome de Williams

D'authentiques cas de syndrome de Williams montrent un accord particulier pour les rythmes et la locution lyrique des émotions et ont été qualifiés de savants. Bien que l'aptitude attentionnelle de ces individus soit momentanée, elles peuvent rester des heures à écouter ou faire de la musique. Un taux supérieur d'oreille absolue existe dans cette population. Un garçon atteint de ce syndrome était compétent de synchroniser des rythmes distincts (un pour chaque main) dans le même intervalle de temps.

Gloria Lenhoff est chanteuse de soprano et prise du syndrome de Williams. Elle peut chanter plus de 2500 airs, dans 25 langues distinctes, avec l'oreille absolue. Son QI rapporté est de 55, et elle ne peut pas effectuer une opération arithmétique élémentaire.

- D'autres cas similaires décrits

Des cas analogues ont déjà été rapportés suite à une collision cérébrale ou à une hémorragie du cerveau. C'est le cas de Derek Amato[52]. Ce jeune Américain a été victime d'un choc crânien, en 2006, se cognant la tête brutalement au fond d'une piscine. En plus des complications qu'il subit aussi comme une perte de l'audition ou des douleurs de tête, il a pu instantanément jouer du piano, sans aucun obstacle comme s'il en avait fait sa vie durant. Au temps, Dr Andrew Reeves de Mayo Clinic avait désigné que Amato avait « acquis un syndrome du savant », « assez rare ». Suivant The Atlantic, un individu pris du syndrome du savant est « quelqu'un qui a un talent extraordinaire mais qui n'est pas né avec et n'a pas appris ce talent ailleurs par la suite. »

Kim Peek qui à l'origine du film *Rain Man*, avait une mémoire eidétique. Il était capable de lire à une rapidité d'une dizaine de secondes par page et fixait près de 98 % de ce qu'il bouquinait. Il pouvait pareillement faire des calculs intellectuels complexes, jouer du piano et

---

[52] « *Stroke of Genius : How Derek Amato Became a Musical Savant* », sur NPR.org (consulté le 20 mai 2017)

graver dans sa mémoire des symphonies entières et s'en souvenir des dizaines d'années après.

Dans le cas des individus atteints d'un choc crânien, les capacités phénoménales apparaissent après le coup. Elles sont souvent en opposition totale avec les aptitudes intellectuelles ordinaires.

À la suite d'une hémorragie cérébrale, l'entrepreneur Tommy McHug (1949-201) est devenu poète, peintre et sculpteur à la suite d'une. Après avoir été tabassé dans un bar, Jason Padgett devint un grand mathématicien et physicien. Il visualisait et dessinait des fractales ; il est le co-auteur, avec Maureen Ann Seaberg, du livre *Struck by Genius : How a brain Injury Made Me a Mathematical Marvel* (2014). À dix ans, Orlando Serrell, né en 1969, a été frappé sur le gauche de son par une balle de baseball. Il devient hypermnésique. Tony Cicora, chirurgien orthopédiste, fut frappé par la foudre en 1994. À la suite de son accident, lui qui ne connaissait que la musique rock, écrivit une pièce pour piano, Fantasia : la sonate de la foudre, opus 1. Alonzo Clemons fut, après le traumatisme, singulièrement doué pour sculpter les animaux.

Plusieurs autres exemples existent d'individus, sans processus d'apprentissage, à la suite d'un choc, d'un autisme, d'une maladie, acquièrent des capacités hors du commun[53].

L'amélioration des capacités cognitives n'est donc pas corrélée à l'augmentation ou renforcement du cerveau, mais à l'activation de propriétés intrinsèques du cerveau. D'ailleurs, l'augmentation numérique des « gènes associés » à l'intelligence se traduit par une dégénérescence neurologique. Tous les humains possèdent deux copies du gène Huntingtin (HTT), qui code la protéine Huntingtine (HTT). La maladie

---

[53] Daniel Tammet, Anglais considéré comme autiste savant (synesthète avec les nombres, le langage et la mémoire), Ony de Bois, musicien américain aveugle, Leslie Lemke, musicien américain aveugle, Nadia Chomyn, dessinatrice prodige dans la petite enfance, Jonathan Lerman, artiste américain, Thristan Mendoza, philippin prodige de marimba, Derek Paravicini, musicien britannique aveugle, Gilles Tréhin, artiste, écrivain, charpentier britannique doué, Matt Savage, autiste, jazzman prodige américain, Henrietta Fajcsák, autiste et savant hongroise, poète, artiste et écrivain 33. Stephen Wiltshire, artiste architectural britannique, Richard Wawro, artiste britannique,, Robbie Newton, dramaturge écossais avec syndrome d'Asperger, George et Charles Fin, jumeaux calculateurs spécialistes du calcul calendaire, Flo et Kay, jumeaux calculateurs spécialistes du calcul calendaire, vedettes dans un documentaire produit par TV network TLC intitulé « Twin Savants: Flo & Kay », Aleksander Vinter, alias « Savant », compositeur de musique électronique norvégien, Rüdiger Gamm, mathématicien allemand et calculateur prodige

de Huntington (parfois appelée chorée de Huntington) est une maladie héréditaire, qui se traduit par une dégénérescence neurologique provoquant d'importants troubles moteurs, cognitifs et psychiatriques, et évoluant jusqu'à la perte d'autonomie puis la mort. Le gène est aussi désigné par HD et IT15. Une partie de ce gène est un triplet de nucléotides CAG répété. Ce gène a été trouvé chez des amibes. Il serait apparu il y a 800 millions d'années. Chez les Deutérostomiens, le gène semble lié à la complexité cérébrale. Un grand nombre de triplet CAG (entre 27-35) chez l'Homme serait corrélé à des capacités cognitives et sensorielles supérieures. La protéine huntingtine joue un rôle clé dans le développement cérébral chez l'Homme. Un nombre supérieur à 35 est responsable du déclenchement de la maladie de Huntington. Il y a une limite naturelle du développement de l'intelligence humaine qui s'oppose donc à la théorie de la complexité cérébrale.

# Partie 7

# Les mécanismes de la chaîne d'évolution en cause

# CHAPITRE 19

# L'HOMME N'A PAS DE FACULTÉS DE « COOPÉRATION » SUPÉRIEURES AUX ANIMAUX

La « Pression de sélection », étant le fondement même de la théorie de l'évolution, il est impératif de justifier les limites du mécanisme principal de cette sélection qui était au départ « la lutte pour la survie ». Ce mécanisme posait problème devant les nombreux contre-exemples de capacités adaptatives au moins aussi égales chez les animaux. Or abandonner le principe de « pression de sélection », c'était de facto, abandonner toute la théorie de l'évolution. La « coopération » est vue comme un mécanisme adaptatif ; définie comme le propre de l'homme, elle devient un pilier qui soutient la thèse de l'évolution. L'hypothèse est simple : l'homme, parce qu'être social, est devenu, sous la « *Pression de sélection* », l'espèce la plus forte. L'espèce humaine est composée de membres qui sont toujours prêts à s'entraider et à se sacrifier (la coopération).

L'homme est, selon Darwin, la seule espèce à agir ainsi au-delà des liens filiaux ou de parentèle. Il doit donc son statut d'exceptionnalité, sa « dignité » selon le terme utilisé par Darwin, à sa capacité à être moral, c'est-à-dire à faire preuve de sympathie sans être motivé par un lien direct de parenté ou un intérêt égoïste à court terme. L'Homo sapiens, originaire des mammifères est un être social : ce serait là, la clé du développement graduel de ses facultés sur les mammifères.

Auguste Comte (1798-1857), père du positivisme et fondateur de la sociologie, est aussi le premier à considérer « l'altruisme », pour expliquer comment on peut avantager quelqu'un d'autre à son détriment, dans la « Pression de sélection ». Les théories contraires de Malthus ont eu un impact moindre sur les intellectuels européens. Contrairement à l'égocentrisme dans la théorie malthusienne du développement, « l'altruisme », d'Auguste Comte est mieux promu pour expliquer la « supériorité de l'homme moderne ».

Il est donc évident que le dogme idéologique selon lequel la « sélection naturelle » comprend uniquement la lutte et la compétition, ne représente qu'une partie des mécanismes évolutifs et que l'on s'intéresse de plus en plus aux mécanismes de coopération. De même, il est manifeste que ces mécanismes ont joué un rôle prépondérant dans l'adaptation.

Arabella Buckley, amie et correspondante de Darwin, qui défendra la théorie de l'évolution dans divers ouvrages, conclut l'un d'eux en ces termes : « Nous apprendrons peut-être que la “lutte pour l'existence”, qui a appris à la fourmi à se sacrifier pour la communauté, enseigne également l'entier dévouement d'une mère pour son enfant, le dévouement d'un ami pour un ami, et aboutit à un amour délicat pour chaque être vivant puisqu'on reconnaît ainsi que la sympathie et l'aide réciproque sont deux des armes les plus puissantes, tout comme elles sont certainement les deux incitations les plus nobles que l'on peut utiliser dans la lutte de la vie[54]. »

Patrick Geddes (1851-1932), scientifique britannique, est lui aussi convaincu de la justesse de la théorie de Darwin. Compagnon de Darwin[55], il se consacre entièrement à théoriser le mécanisme de l'évolution par la coopération inter-espèce. Avec le zoologiste écossais John Arthur Thomson (1861-1933), il écrit *The Evolution of Sex* (1889), œuvre entièrement basée sur le darwinisme, mais où l'accent est mis sur la coopération en tant que facteur fondamental dans l'évolution des organismes complexes. « On a deux lignes opposées dans les activités pratiques et émotionnelles — faim, préoccupation de soi, égoïsme, d'une part ; amour, préoccupation de l'autre, altruisme, d'autre part. »

---

[54] B. Buckley, *Life and her children*, 1885, p. 301.

[55] Darwin lui prend son microscope pour examiner avec enthousiasme quelques bacilles et euglènes nageant dans une goutte d'eau tirée d'un étang.

Différents exemples montrent clairement que l'élément de coopération apparaît dès les premières réactions à la théorie de l'évolution de Darwin. Ce même Wilson a également publié avec Nowak un article dans lequel il écrit que « l'eusocialité, où certains individus réduisent leur potentiel total de reproduction pour favoriser les descendants des autres, est à la base des formes d'organisation sociale les plus avancées et du rôle écologiquement dominant des insectes sociaux et de l'espèce humaine ».

La « coopération » trouve ainsi un problème de cohérence avec la « pression de sélection » pour soutenir encore la théorie sur l'évolution de l'homme. L'apparition, comme mécanismes supposés pour faire face à la « Pression de sélection », de valeurs communautaristes, de la morale à côté de « la survie du plus fort », était la nouvelle thèse à défendre. De l'individualisme qui a permis à l'homme d'accroître la taille de son cerveau, d'acquérir la bipédie et son confort supposé, on passe à l'exceptionnalité de l'altruisme de l'espèce dans le mécanisme adaptatif. De la « lutte pour la survie », « la survie du plus fort », on passe à l'altruisme, la coopération comme mécanisme évolutif. Or la « lutte pour la survie » est antinomique aux comportements altruistes. Aussi, la théorie de « la survie du plus apte », origine de la théorie de Darwin, s'oppose à la socialisation, au développement et à la transmission des valeurs éthiques.

Patrick Geddes tente d'expliquer cette contradiction entre ces deux mécanismes antinomiques pour expliquer la chaîne évolutive.

> « Ces deux lignes trouvent leur unité fondamentale dans le lien étroit primitif entre la faim et l'amour, entre le besoin de nourriture et le besoin de se multiplier... On peut représenter la voie du progrès comme une action et une réaction entre les deux fonctions complémentaires qui vont se mélanger et s'entremêler de plus en plus. L'attirance sexuelle cesse d'être seulement égoïste ; la faim peut être vaincue par l'amour ; l'amour des partenaires est mis en valeur dans l'amour pour les descendants ; l'amour pour les descendants s'étend à l'amour pour le prochain. En fait, l'idéal qui s'ouvre à nous est un mélange plus harmonieux entre ces deux courants.[56] ».

La preuve que la notion de coopération, auparavant jugée hétérodoxe par les biologistes évolutionnistes, ensuite de plus en plus prise en considération comme mécanisme évolutif, explique sans aucun doute le

---

[56] Patrick Geddes, idem, ibidem

problème de la réalité même de la « Pression de sélection ». Qu'importe, l'imaginer, c'est l'écroulement de toute la théorie. Le sociobiologiste E.O. Wilson avec D.S. Wilson, écrit un article dans lequel il reconnaît une confusion :

> « L'égoïsme l'emporte sur l'altruisme dans un groupe. Les groupes d'altruistes l'emportent sur les groupes d'égoïstes. Tout le reste n'est que commentaire. »

La « coopération » est devenue le nouvel argument du mécanisme évolutif. La nouvelle thèse soutient que la coopération intra-espèce est plus déterminante pour favoriser l'hominisation dans la course à la « sélection naturelle ». L'homme a réussi à passer le processus d'hominisation grâce à son esprit de coopération. Cependant, il se pose, au-delà du défi théorique pour fonder la thèse de « la transformation linéaire des espèces » à partir de la « coopération », un défi factuel : celui de montrer l'absence d'esprit de coopération des autres animaux.

## La coopération intra-espèce n'est pas spécifique à l'homme

Les primates ont aussi une vie communautaire particulièrement riche. Le primatologue Frans de Waal a notamment mis en évidence le phénomène de réconciliation chez de nombreuses espèces de primates après une interaction conflictuelle, aptitude que l'on considérait auparavant comme réservée à l'espèce humaine. Dans *La politique du chimpanzé* (1987), il montre que la complexité du jeu social de ces animaux est très loin de se réduire à un système hiérarchique basé sur la seule force physique.

Non seulement les mammifères vivant en communauté s'avertissent mutuellement des dangers, mais ils se défendent ensemble contre leurs ennemis. Les petits oiseaux par exemple volent en cohue autour des oiseaux prédateurs tels que les faucons et les hiboux qui s'aventurent sur leur territoire. Ils avertissent les autres oiseaux dans le secteur en émettant un son cliquetant. Le comportement agressif de ces petits oiseaux est généralement suffisant pour faire fuir les oiseaux prédateurs.

Les orques sédentaires en Amérique du Nord vivent en groupes familiaux très stables appelés *pod* en anglais. La lignée maternelle est le fondement de cette structure sociale. Les mâles ont un lien particulièrement fort avec leur mère, et voyagent avec elles toute leur vie, qui peuvent dépasser 50 ans. Les chercheurs ont noté que si un fils s'éloigne, l'autre reste toujours avec la mère. Les frères restent toujours ensemble aux soins de leur mère.

D'autres animaux coopèrent en famille pour se protéger. Le bœuf musqué pesant entre 350 et 400 kg forme avec ses semblables un mur de défense entre ses prédateurs et ses petits. En cas d'attaque, il recule pour constituer un cercle défensif, les jeunes étant au centre. Cette méthode est particulièrement efficace pour défendre les plus jeunes. Une nuée d'oiseaux qui volent ensemble permet de protéger chaque individu. Les étourneaux volent en groupe en laissant de grandes distances entre eux. Mais lorsqu'ils aperçoivent un faucon, ils se regroupent densément ce qui empêche le faucon de pénétrer à l'intérieur de la nuée au risque de s'abîmer ses ailes.

Quand leur troupeau est victime d'une attaque, les mammifères agissent tous ensemble. Quand les zèbres fuient les prédateurs, ils placent les plus jeunes au centre. Durant ses observations en Afrique de l'Est, la scientifique Jane Goodall a vu des zèbres séparés du reste du troupeau encerclés par des chiens sauvages. D'autres individus du troupeau en se rendant compte que trois des leurs étaient en danger, retournèrent attaquer les prédateurs à l'aide de leurs sabots et de leurs dents pour les faire fuir et sauver les trois zèbres. Généralement, quand un troupeau de zèbres est attaqué, le leader court à l'arrière tandis que les femelles et les poulains se mettent à l'avant. L'étalon court en zigzags et donne des coups de sabot avec ses pattes de derrière. On a même observé certains d'entre eux se retourner et mener l'assaut contre les agresseurs. Les dauphins nagent aussi en bancs et se défendent en groupe contre le requin, leur plus grand ennemi. Si le requin approche dangereusement de leurs petits, deux des adultes dauphins se séparent des autres et attirent l'attention du requin sur eux. Tandis que le requin est diverti, les autres dauphins vont rapidement l'encercler et commencer à souffler dans ses branchies pour le faire couler.

Ainsi, dans son ouvrage sur la *Mer polaire ouverte*, le docteur Hayes fait à plusieurs reprises la remarque que ses chiens, remorquant les traîneaux, au lieu de continuer à se serrer en une masse compacte, lorsqu'ils arrivaient sur une glace mince, s'écartaient les uns des autres, pour répartir leur poids sur une surface plus grande. C'était souvent pour les voyageurs le seul avertissement et l'indication que la glace devenait plus mince et plus dangereuse.

Rester en formation est largement observé chez les jeunes animaux. En cas de danger, les adultes rassemblent les plus jeunes pour les mettre au milieu afin de les protéger. Les dauphins montrent le même dévouement à secourir un des leurs en danger, au risque de leurs vies. Parfois un dauphin est pris dans les filets des pêcheurs. En raison de leur dévouement, les autres dauphins de la famille vont immédiatement lui venir en aide. Ils vont tous suivre le dauphin en essayant de l'aider à remonter à la surface. Comme les dauphins sont des mammifères et qu'ils ont besoin d'air pour respirer, ils paniquent quand ils sont pris dans le filet et qu'ils commencent à couler vers le fond. Étant donné qu'ils ne peuvent pas eux non plus respirer, ils meurent la plupart du temps. C'est un exemple que l'on observe dans beaucoup de famille de dauphins. Tous les dauphins montrent le même dévouement dans des circonstances similaires. Si une baleine grise femelle est blessée, un ou plusieurs mâles vont lui venir en aide. Ils maintiennent la femelle à la surface de l'eau afin de lui permettre de respirer et de la protéger des prédateurs.

Au lieu de fuir lorsqu'ils sont attaqués, les bœufs musqués vont former un bouclier pour se défendre. Chaque membre du troupeau marche lentement en retrait sans jamais tourner le dos à ses prédateurs jusqu'à ce qu'il ait pris place dans le cercle. Leurs petits se trouvent au centre du cercle et se cachent dans la fourrure de leur mère. Les mâles maintiennent les petits au milieu en les protégeant. Parfois, l'un des bœufs musqués se met à charger ses prédateurs avant de revenir à son poste dans le cercle. On peut également observer de nombreux exemples d'entraide lors des périodes de chasse. Le pélican d'Amérique par exemple chasse toujours en groupe. Après avoir localisé une baie convenable, les pélicans forment un demi-cercle face au rivage et plongent régulièrement dans l'eau en faisant venir les poissons devant eux. Quand le moment est venu, ils referment le cercle et attrapent tous les poissons pris à l'intérieur de celui-ci. Dans les courants d'eau ou les canaux, ils forment deux groupes distincts. La nuit, chacun retourne se reposer. Personne ne les voit jamais se battre pour une place précise dans le cercle. Cela prouve le fait que les animaux qui vivent en communauté prennent soin les uns des autres et agissent comme un seul individu. Comme nous l'avons évoqué au début, ces animaux ne sont pas des êtres humains dotés d'intelligence, mais des zèbres, des insectes et des dauphins.

Sous l'influence d'Espinas, le naturaliste russe Karl Fedorovich Kessler (1815-1881) écrit : « Tous les êtres organiques ont deux besoins essentiels : celui de se nourrir et celui de propager l'espèce. Le premier les pousse à la lutte [...], tandis que le besoin de propager l'espèce les pousse à se rapprocher et à s'entraider. Je suis tenté de penser que l'entraide des individus a joué un rôle bien plus important que leur rivalité.[57] »

Les corvidés vivent en groupe, comme les dauphins, les éléphants et les humains. Ils sont capables, entre autres, de déterminer l'organisation hiérarchique au sein de leur groupe. Le biologiste américain Bernd Heinrich étudie les corneilles depuis 15 ans. Ses travaux démontrent que cet oiseau, tout comme le corbeau, fait preuve d'empathie. Il passe sa vie avec le même partenaire et ceux-ci s'entraident.

La taille des groupes de dauphins varie de façon spectaculaire. Les cétacés d'eau douce se rassemblent communément en groupes de 6 à 12, et dans certaines espèces, demeurent seuls ou en couples. Les individus dans ces unités se connaissent et se reconnaissent les uns les autres. D'autres cétacés comme le dauphin tacheté pantropical, le dauphin commun à bec court et le dauphin à long bec voyagent parmi de grands groupes de centaines d'individus. On méconnaît si tous les membres du groupement se connaissent. Toutefois, il est certain que ces grandes unités agissent de façon cohésive. Les examens montrent que si une perturbation inattendue, comme une arrivée de requins, se produit sur le côté ou par-dessous le groupe, ils se déplacent ensemble pour éviter la menace. Cela désigne que les cétacés sont conscients non exclusivement de leurs voisins proches. Un principe présenté par Jerison (1986) conduit que les membres d'une bande de dauphins sont compétents pour partager les résultats de compréhension de chacun pour créer une meilleure compréhension de leur environnement.

Ce postulat de la coopération comme la clé de l'évolution biologique de l'homme est donc mal fondé car tous les mammifères vivent en communauté. Les primates ont une grande capacité altruiste ; autrement dit, ils donnent, sans se soucier de ce qu'ils donnent ni de ceux à qui ils le donnent. Par exemple, ils peuvent venir en aide à un compagnon paralysé par la peur, élever un bébé dont la mère est morte, rester aux côtés des blessés, voire même avoir de la compassion pour ceux qui souffrent ou qui sont sur le point de mourir.

Il y a eu des cas de plusieurs espèces de dauphins et de marsouins en captivité qui aidaient et interagissaient avec d'autres espèces, y compris

---

[57] K.F. Kessler, « On the Law of Mutual Aid », *Memoirs (Trudy) of the St. Petersburg Society of Naturalists* XI (1880).

des baleines échouées. En outre, on les a vus vivre aux côtés d'orques sédentaires pour un temps limité.

Les autres animaux sont également très sociaux. Des études ont montré l'importance des connaissances sociales chez les éléphants. Les groupes sont organisés par les matriarches qui possèdent les « répertoires de la connaissance sociale » et sont les détentrices du savoir collectif. Ainsi, la possession de capacités discriminatoires renforcées par l'individu le plus âgé d'un groupe peut influencer les connaissances sociales du groupe dans son ensemble. L'étude souligne le danger pour le groupe quand les individus plus âgés et plus expérimentés, qui sont souvent une cible pour les chasseurs en raison de leur grande taille, sont mis à mort.

L'épanouissement de chacun dépend de la vie en groupe. De nombreux animaux mangent davantage lorsqu'ils sont nourris en groupe que lorsqu'ils sont seuls. On a démontré cela expérimentalement aussi bien chez les poussins, les chiots et les poissons que chez les opossums.

Les primates sont des êtres sociables. Les chimpanzés vivent dans des communautés pouvant atteindre une centaine d'individus. Il en est de même des oiseaux. Pour voler, les oies volent en forme de « V » ; ainsi, la résistance au vent est moindre, et elles ont moins d'efforts à faire pour aller plus loin. Lorsqu'une oie se retire de la formation, elle revient immédiatement vers le groupe, car elle se rend compte qu'elle ne peut pas voler seule.

L'action est effectivement basée sur la coopération. L'oie qui vole en avant est celle qui se fatigue le plus, car c'est elle qui reçoit le vent en pleine face et qui a la responsabilité de guider le reste du groupe. Dès qu'elle n'a plus assez de forces pour continuer, elle passe en dernière position, et la seconde oie prend sa place. Aucune oie ne remet ce système en question ; toutes se contentent tout simplement de suivre l'ordre établi. Les oies qui volent à l'arrière émettent des sons voués à encourager celles qui se trouvent à l'avant de la formation.

Aristote, inspirant l'évolutionnisme définissait l'homme comme « un animal social et raisonnable ». Le biologiste français Alfred Victor Espinas (1844-1922) va dans son chef-d'œuvre, *Des Sociétés animales* (1878) mettre l'accent sur le fait que, excepté pour les espèces inférieures, tous les animaux ont une vie sociale et qu'il est par conséquent préférable de parler d'espèces sociales plutôt que de types individuels. Cette affirmation est redondante à celle du Coran : « Nulle bête rampant sur terre, nul oiseau volant de ses ailes, qui ne vive en société à l'instar de vous-mêmes… » (Sourate 6 verset 38)

Le biologiste Alfred Victor Espinas a même tort de faire une « exception pour les espèces inférieures ». Avec plus d'un million d'espèces connues dans le monde, les insectes représentent au moins 80 % de l'ensemble des êtres vivants présents sur Terre. Ces animaux sont très tôt apparus sur la planète, il y a au moins 400 millions d'années, et à s'être adaptés à la vie terrestre. Considérés comme « espèces inférieures », les insectes ne doivent disposer « d'aptitudes supérieures », pour la cohérence de la théorie.

Si la communauté scientifique a depuis longtemps admis qu'il existait une forme « d'intelligence collective » chez de nombreuses espèces d'insectes, elle considérait, jusqu'au début de ce siècle, que les insectes étaient dépourvus de toute conscience et de toute intelligence, au sens où l'on entend cette faculté chez les mammifères supérieurs. Mais en quelques années, ce paradigme a été remis en cause par de nombreuses recherches qui montrent de manière fascinante, chez les insectes, une intelligence collective doublée de l'intelligence individuelle.

Il est vrai que l'intelligence de groupe dont font preuve certaines espèces d'insectes a longtemps occulté les facultés cognitives individuelles dont disposent certains insectes. L'exemple-type de cette organisation commune reste bien sûr celui des fourmis qui possèdent une extraordinaire capacité à travailler en groupe.

Mais une autre étude publiée en 2012 par des chercheurs du centre de recherches sur la cognition animale (CNRS/Université Toulouse III - Paul Sabatier), avec à la tête le professeur Martin Giurfa, a montré[58], de façon bien plus inattendue, que les insectes possèdent non seulement une forme remarquable d'intelligence collective, mais également, pour certains d'entre eux, la capacité d'élaborer des concepts abstraits (le zéro, les différences, les identités, la punition, au-dessus, à côté de…) ; ils reconnaissaient des visages humains : des facultés qu'on croyait réservées aux seuls mammifères « supérieurs ».

Du point de vue de l'éthologie, et par rapport au reste du règne animal, l'*Homo sapiens,* l'avantage se caractérise par la complexité de ses relations sociales, l'utilisation d'un langage articulé élaboré transmis par l'apprentissage, la fabrication d'outils, le port de vêtements, la maîtrise

---

[58] Revue *Proceeding of the National Academy of Sciences* (PNAS).

du feu, la domestication de nombreuses espèces végétales et animales, ainsi que l'aptitude de son système à la cognition, aux jeux, à la prévoyance et à la conscience. Plus généralement, il se distingue de l'espèce animale qui ne développerait pas d'acquis évolutif pour l'abondance et la sophistication de ses réalisations techniques et artistiques, l'apprentissage, la culture.

Pour qu'il y ait sélection naturelle, il faut que plusieurs variations d'un même caractère soient présentes dans la population afin que l'individu le plus adapté « l'emporte » sur les autres. En effet, si la totalité des individus sont identiques et porteurs des mêmes faiblesses, en cas de difficultés d'adaptation aucun individu ne pourra survivre, et l'espèce s'éteindra. En cas de modification de l'environnement, pour que l'espèce survive, il faut qu'elle s'adapte par la sélection naturelle des plus « aptes ». Il est donc indispensable qu'avant le changement du milieu elle présente en son sein une diversité génétique importante.

## Les émotions ne sont pas spécifiques à l'homme.

L'émotion est une expérience complexe de l'état d'esprit d'un individu lorsqu'il réagit aux influences biochimiques (internes) et environnementales (externes). Chez les humains, l'émotion inclut fondamentalement « un comportement physiologique, des comportements expressifs et une conscience [59]». L'émotion est associée à l'humeur, au tempérament, à la personnalité, à la disposition et à la motivation. Une taxinomie non définitive des émotions existe. Certaines catégorisations incluent : émotions « cognitives » par opposition aux émotions « non cognitives ».

Les émotions seraient une expérience complexe, spécifiques à l'homme. Selon par exemple Orians et Heerwagen (1992), à l'époque des chasseurs-cueilleurs, les Hommes devaient se déplacer constamment pour trouver de quoi se nourrir. Ces déplacements les confrontaient à des phénomènes inattendus (changements climatiques, prédateurs, par exemple) demandant une réponse adaptative rapide. Selon Tobby et Cosmides (1990), les émotions vont donc se développer en réponse à

[59] Myers, David G. (2004) « Theories of Emotion. » *Psychology: Seventh Edition*, New York, NY : Worth Publishers, p. 500

différents ensembles de situations récurrentes. À cela, l'on peut ajouter le premier principe de Darwin, permettant d'expliquer comment une réaction tout d'abord volontaire va, au fil des générations, devenir innée et réflexe.

Les émotions ne sont pas spécifiques à l'homme. C'est plutôt l'homme qui peut tirer de grandes leçons des attitudes et autres façons de vivre au quotidien des animaux et par excellence, les « animaux de compagnie ». Les animaux éprouvent l'étonnement, et beaucoup font preuve de curiosité.

> « Je mis alors un serpent vivant dans un sac de papier mal fermé, que je déposai dans un des plus grands compartiments. Un des singes s'en approcha immédiatement, ouvrit avec précaution un peu le sac, y jeta un coup d'œil et se sauva à l'instant. Je fus alors témoin de ce que décrit Brehm, car tous les singes, les uns après les autres, la tête levée et tournée de côté, ne purent résister à la tentation de jeter un rapide regard dans le sac debout, au fond duquel le terrible objet restait tout à fait tranquille ».

# CHAPITRE 20

## LES ÉMOTIONS, MÊME LES PLUS COMPLEXES NE SONT PAS SPÉCIFIQUES À L'HOMME

Les chercheurs ont cherché à savoir dans quelle mesure les animaux ressentent de « l'amour », pour distinguer l'Homo sapiens des autres êtres vivants. Des faits « d'amour » ont été décrits dans de nombreuses espèces, notamment chez les baleines. L'éthologiste Marc Bekoff voit la confirmation de ce sentiment dans le comportement de certains animaux, qui ayant perdu leur conjoint, perdent également le goût de vivre, ce qui peut aller jusqu'à provoquer leur mort.

Des comportements d'amitiés indéfectibles sont confirmés par plusieurs observations. Sara, un jeune chimpanzé, apprit le langage des sourds et muets, et expliqua à son gardien qu'elle s'ennuyait d'un copain décédé. Selon Étienne Danchin, chercheur et coauteur du livre *Éthologie comportementale*, cette anecdote démontre que les primates peuvent avoir une certaine conscience du vide et ressentir de l'angoisse.

Une caractéristique du geai bleu est sa façon dont il communique son amour ou pour séduire. Konrad Lorenz a démontré que les oiseaux chantent pour séduire, les sons qu'ils produisent ne représentent pas que de la musique aux oreilles d'autres oiseaux, mais un langage. Ils chantent pour : attirer un partenaire, indiquer où ils se trouvent aux autres mâles et femelles ainsi que pour défendre un territoire où ils pourront élever et nourrir leurs petits.

De plus, les chiens ont de l'empathie, la capacité de comprendre ce qu'une personne ressent sans même que cette dernière n'ait besoin de prononcer le moindre mot. Les chiens vivent des sentiments d'amitié indéfectibles. Ils apprennent à l'homme ce que sont la loyauté et la camaraderie. Ils ne se séparent jamais de leurs maîtres. L'amitié du chien pour son maître est notoire ; on l'a vu le caresser pendant l'agonie de la mort ; et chacun connaît le fait de ce chien qui, étant l'objet d'une vivisection, léchait pendant l'opération la main de celui qui la faisait, lequel, à moins d'avoir un cœur de pierre, a dû toute sa vie en éprouver du remords. La jalousie, par exemple, est très présente chez le chien. Elle se manifeste, quand l'affection de son maître se détourne sur un autre, lorsque son maître caresse toute autre créature. Le même fait est observé chez les singes. Ceci montre que les animaux non seulement aiment, mais désirent être aimés. Ils éprouvent très évidemment le sentiment de l'émulation. Ils aiment l'approbation et la louange, et un chien portant le panier de son maître manifeste un haut degré d'orgueil et de contentement de lui-même.

Ces sentiments d'amitié indéfectibles sont notés chez les moutons et les dauphins. Les dauphins et les montons ont un grand sens de l'amitié, et ils le démontrent continuellement. Ils sont même disposés à souffrir ou à mourir pour un ami. Comme le remarque Whewell :

> « Lorsqu'on lit les exemples touchants d'affection maternelle qu'on raconte si souvent sur des femmes de toutes nations et des femelles de tous les animaux, qui peut douter que le principe de l'action ne soit le même dans les deux cas ? »

Les émotions, même les plus complexes, sont communes aux animaux et à l'homme. Ce qui remet en cause la chaîne évolutive de l'homme. Le chien éprouve de la honte, distincte de la crainte, et quelque chose qui se rapproche fort de la modestie, lorsqu'il mendie trop souvent sa nourriture. Un gros chien n'a que du mépris pour le grognement d'un roquet ; c'est ce qu'on peut appeler de la magnanimité. Plusieurs observateurs ont constaté que les singes n'aiment pas certainement qu'on se moque d'eux et inventent souvent des offenses imaginaires. Au Zoological Gardens, le gardien rapporte, un babouin qui se mettait toujours dans un état de rage furieuse lorsque le gardien sortait de sa poche une lettre ou un livre, et se mettait à lire à haute voix ; « sa fureur était si violente que, dans une occasion dont j'ai été témoin, il se mordit la jambe jusqu'au sang ».

Les animaux manifestent très évidemment qu'ils souffrent de l'ennui ; cela s'observe régulièrement sur les chiens. Ces émotions plus intellectuelles ont une grande importance comme constituant les bases du développement d'aptitudes mentales plus élevées.

Dès les années 1980, Gordon Gallup avait émis l'hypothèse que les éléphants et les dauphins, des espèces sociales et capables percevoir ou ressentir la souffrance d'autrui et poussé à y remédier, devaient eux aussi accomplir ces expériences avec succès. Un sentiment par lequel un individu est porté à, par amour, morale ou éthique. Les éléphants manifestent de plus une certaine attention à leurs morts, triturant souvent les morceaux d'os des défunts qu'ils trouvent et se réunissant autour de leurs cadavres.

Brehm a observé en Afrique du Nord, dans des espèces en captivité, leur terrible chagrin dû à la mort d'un des leurs. Les singes orphelins sont aussitôt adoptés, avec des soins particuliers des mâles et des femelles. Une observation rapportée par Brehm : Une femelle de babouin, remarquable par la bonté de son cœur, adoptait non seulement de jeunes singes d'autres espèces, mais encore volait des jeunes chiens et chats qu'elle emportait avec elle. Sa tendresse toutefois n'allait pas jusqu'à partager sa nourriture avec ses enfants d'adoption, fait qui étonna Brehm, car ses singes partageaient toujours très loyalement tout avec leurs propres jeunes. Le gardien du Zoological Gardens rapporte un cas d'adoption d'un singe Rhésus par une vieille femelle de babouin (*Cynocephalus chacma*). Cependant, lorsqu'on introduisit dans son gîte deux jeunes singes, un Drill et un Mandrill, elle parut s'apercevoir que ces deux individus, quoique précisément distincts, étaient plus voisins de son espèce ; elle les adopta aussitôt, en repoussant le Rhésus. Ce dernier, très contrarié de ce bannissement, cherchait toujours, comme un enfant contrarié, à attaquer les deux autres jeunes toutes les fois qu'il le pouvait sans danger, conduite qui excitait toute la colère du vieux singe. D'après Brehm, les singes défendent leur maître contre toute agression, et même les chiens qu'ils affectionnent, contre tous les autres chiens. Quelques-uns des singes de Brehm prenaient un grand plaisir à tracasser par toutes sortes de moyens fort ingénieux un vieux chien qu'ils n'aimaient pas, ainsi que d'autres animaux.

Les animaux vivent des sentiments d'extase, des émotions fortes, à la suite d'épreuves. Il a été prouvé que les vaches sont émues quand elles connaissent la réussite ; si elles améliorent une tâche ou qu'elles accomplissent de nouvelles choses, leur rythme cardiaque augmente, et leurs mouvements sont plus rapides. C'est comme si, une fois venues à bout d'une tâche difficile, à l'instar de ce savant, criaient « Eureka ! ».

Les animaux « inférieurs », au même titre que l'homme, sentent évidemment le plaisir et la peine, le bonheur et le malheur. On ne saurait trouver une expression de bonheur plus apparente que celle que manifestent les petits chiens et chats, agneaux, etc., lorsque, comme les enfants, ils s'amusent entre eux. Les insectes mêmes paraissent plaisanter, ainsi que l'a décrit P. Huber, qui a vu des fourmis se poursuivant et se mordillant entre elles, tout comme les chiots.

Les animaux sont excités et vivent les mêmes émois que les hommes. Ils sont saisis d'effroi tout comme les humains. Ces sentiments causent les mêmes effets sur leurs corps, un tremblement dans les muscles, des palpitations de cœur, le relâchement des sphincters et le redressement des poils. La défiance, produit de la peur, caractérise éminemment la plupart des animaux sauvages.

Les niveaux de courage ou de timidité ne sont pas les mêmes dans les individus de toutes les espèces, extrêmement variables partout. Cette diversité se remarque nettement parmi les chiens. Cette diversité de tempérament et de personnalité à l'intérieur des espèces est observable. Quelques chiens et chevaux ont un mauvais caractère et deviennent aisément boudeurs ; d'autres sont de bonne humeur. Des individus, dans chaque espèce, sont sujets à une colère furieuse et le manifestent clairement. De nombreuses anecdotes sur les vengeances habiles et souvent longtemps différées de divers animaux. Rengger et Brehm attestent que les singes américains et africains qu'ils ont gardés avaient la disposition de la vengeance.

La peur de l'anthropomorphisme a eu pour conséquence que les chercheurs ont longtemps abordé avec prudence l'émotivité animale synonyme de l'intelligence animale. L'émotivité animale existe, les animaux et notamment les primates exprimant des sentiments forts, souvent proches de ceux des humains.

Même le rire n'est pas le propre de l'homme. « Le rire est le propre de l'homme » écrivait Rabelais. Les travaux de Jaak Panksepp ont montré que le rire n'est pas une expression émotionnelle qui est le propre de l'homme. Il est présent chez des animaux relativement proches de l'homme comme les singes bonobos ou les chimpanzés, mais également chez des animaux plus éloignés comme les rats. Les circuits neuronaux du rire se trouvent d'ailleurs dans des zones du cerveau humain phylogénétiquement très anciennes.

La spiritualité n'a pas été prise en compte dans le processus d'hominisation, étant une notion vitaliste, contradictoire avec l'évolutionnisme qui est d'essence physicaliste, la conception mécaniste de la vie. Cependant, la théorie était obligée de l'aborder sous une forme incontournable et dans une confrontation décisive : l'explication de l'apparition de la vie, de la conscience et celle de l'âme.

Ainsi que l'a bien observé Sir J. Lubbock, il n'est pas trop de dire que « l'horreur terrible du mal inconnu est suspendue comme un nuage épais sur la vie sauvage. »

# CHAPITRE 21

## COMMENT UNE « SOUPE » IMAGINAIRE A FONDÉ LA THÉORIE : LE PROBLÈME DE L'EXPLICATION DE L'APPARITION DE LA VIE

L'origine de la vie sur Terre dans les conditions décrites par l'évolutionnisme et les processus d'hominisation qui y ont conduit est problématique. La question reste : « Comment la vie a-t-elle émergé sur la Terre, il y a 4 milliards d'années environ, dans un monde matériel ? »

L'une des premières spéculations à ce sujet a été faite dans la lettre de Darwin à Joseph Dalton Hooker du 1er février 1813, dans laquelle il suggère que « l'étincelle de vie d'origine peut avoir commencé dans une petite mare chaude, où étaient présents toutes sortes de produits de base, ammoniac et sels phosphoriques, la lumière, la chaleur, l'électricité, etc., et c'est là qu'un composé protéique s'est formé chimiquement, prêt à subir des changements encore plus complexes. »

La théorie de l'hominisation se heurte à une difficulté majeure : l'explication de l'apparition de la vie, de la conscience et celle de l'âme. La « sélection naturelle », la « pression de sélection », la « coopération » intra-espèce, peuvent-elles expliquer l'apparition de la vie, de la conscience ? Est-ce que la vie apparaît lorsque tous les constituants physiques sont présents ?

## La « soupe primitive » de la théorie

La vie de l'homme trouve ses origines les plus éloignées dans les balbutiements de la vie microscopique des océans primitifs. L'évolutionnisme affirme que le passage de la matière à la vie se fit dans la mer, véritable berceau de l'homme, il y a environ quatre milliards d'années avec des molécules organiques constituées d'atomes de carbone auxquels sont associés des atomes d'hydrogène, d'oxygène, d'azote, de soufre et de phosphore (« la soupe primitive »), édifices moléculaires capables de se reproduire de manière autonome et d'évoluer.

L'évolutionnisme assimile la vie organique à un automate infiniment compliqué, mais régi par les lois de la matière inanimée. La conception mécaniste de la vie est déjà portée par Descartes la théorie de l'homme-machine sur le déterminisme mécaniste. Pour le physicalisme, qui est le pendant physique de l'évolutionnisme, tout ce qui existe peut se réduire en dernière analyse aux constituants décrits par la physique et à leurs agrégats ; à partir d'un certain niveau de complexité et d'organisation des particules matérielles, des propriétés authentiquement nouvelles émergent de ces systèmes complexes : « l'émergence *de propriétés* ». Les propriétés qui émergent sont irréductibles et se distinguent des phénomènes de bas niveaux à partir desquels elles émergent.

Ce déterminisme mécaniste eut un énorme succès, en 1828. Le jeune chimiste allemand, Friedrich Wöhler réussit accidentellement à obtenir de l'urée, molécule qui, à l'époque, était produite par le monde vivant (ici, le monde animal). Cette expérience fortuite est exploitée par l'évolutionnisme : un composé propre à la vie a pu être « créé » dans un laboratoire de chimie, ce qui est un indice fort, que la vie peut émerger d'un procédé physique, en faveur de l'évolutionnisme. Cette expérience provoque une euphorie. En réussissant cette synthèse de l'urée, les évolutionnistes voyaient dans l'expérience, la possibilité d'arriver à produire la « vie » à partir du monde minéral, l'apparition de la vie à partir de l'inanimé. Pourtant, cette expérience apporte simplement la preuve qu'il est possible de synthétiser un composé chimique en dehors d'un organisme vivant. Or, l'urée n'est pas un organisme vivant. C'est un minéral synthétisé. Elle intervient naturellement dans de nombreux processus métaboliques, notamment pour l'excrétion d'azote. La seule nouveauté, avec cette expérience, on considérait que ces molécules ne pouvaient provenir que de constituants ou de dérivés d'organismes vivants.

Le botaniste russe Constantin Merejkovski (1855-1921), qui, en étudiant les lichens, formule l'hypothèse générale selon laquelle les cellules complexes résultent en fait de la symbiogenèse, qui est la fusion de plusieurs cellules primitives. Divers botanistes russes, français et américains tentent de prouver cette hypothèse expérimentalement en séparant les chloroplastes des cellules végétales pour les faire reproduire *in vitro*, mais sans résultat. Il est admis, aujourd'hui, que les tentatives de cultiver séparément les chloroplastes ont échoué parce qu'une grande partie du génome chloroplastique primitif (la base de l'hérédité) a déménagé dans le noyau cellulaire (le génome de la cellule végétale).

> « Les spécialistes de la Biologie systémique dynamique qui étudient les changements des ensembles biologiques au cours du temps prévoient de créer, dans les prochaines dizaines d'années, un homme "virtuel" simulant les interactions entre des dizaines de milliers de protéines et d'autres composantes cellulaires. La porte serait-elle ouverte à la re-création de nos ancêtres ? [60] »

Mathématiquement, l'évolutionnisme a des problèmes pour expliquer le passage de l'inerte au vivant. La probabilité mathématique pour fonder la théorie est nulle. En effet, la cellule est codée par l'ADN avec au minimum 200 types de protéines différents. Et pour chaque protéine, il faut un assemblage de 22 acides aminés arrangés dans le bon ordre. La théorie repose sur une chance sur 221 000, autrement dit, c'est gagner au loto contre 10 milliards de joueurs, à chaque mise de la semaine pendant 2 ans. Et cette probabilité inimaginable, c'est juste pour une protéine, alors qu'il y a 200 types de protéines différents, c'est-à-dire qu'il en faut 200 au même endroit pour faire une cellule. De surcroît, le vivant est composé d'énormes cellules ; cette probabilité impossible invalide mathématiquement la théorie de l'évolution. En effet, c'est une découverte, au temps de Darwin, personne ne savait ça.

Cette possibilité de créer la vie à partir de la matière inanimée a été annoncée par Darwin, dans sa lettre à Joseph Dalton Hooker du 1er février 1871. Dans cette lettre, il avance que :

> « *L'étincelle de vie d'origine peut avoir commencé dans une petite mare chaude, où étaient présents toutes sortes de produits de base, ammoniac et sels phosphoriques, la lumière, la chaleur,*

---

[60] Claude STOLL, *Histoire des Idées Sur l'évolution de l'Homme*, Thèse de Doctorat de l'Université Louis Pasteur Strasbourg I Discipline : Sciences de la Vie, 2008

*l'électricité, etc., et c'est là qu'un composé protéique s'est formé chimiquement, prêt à subir des changements encore plus complexes.* »

Le physicien Frédéric Foucher, au CBM, désespère de pouvoir recréer la vie à partir des constituants. Le Docteur Claude STOLL rapporte « **Dans leurs laboratoires, les biologistes ont beau mélanger tous les ingrédients, ils n'arrivent pas à recréer la vie.**[61] » Pour André Brack membre de l'Académie française des sciences, « force est malgré tout de constater qu'après soixante années d'efforts, le rêve de recréer la vie en tube à essai n'a toujours pas été exaucé.[62] »

Il faut dire en plus que ce qui, pour Darwin, s'est passé sur la Terre, pour expliquer l'apparition de la vie, a également pu se produire des milliards de fois dans l'univers et sur d'autres planètes. Doit-on donc en conclure que d'autres civilisations existent ? D'autant qu'une étude publiée dans la revue Science « *suggère que, dans les zones les plus actives de notre Univers telles que la région de Sagittarius B2, ces molécules particulières seraient présentes en grande quantité. Et le fait que les briques de base du vivant se soient formées dans l'espace ou sur Terre peut tout changer : en effet, si les éléments nécessaires à l'émergence de la vie se sont répandus partout dans la Voie lactée, et même partout dans l'Univers, il serait alors vraiment très, très, étonnant que nous y soyons seuls* »[63]. La science explore donc d'autres voies, comme dans l'espace, pour connaître l'origine du vivant.

## L'origine de la vie serait à rechercher dans l'espace ?

L'origine du vivant viendrait de l'espace, selon les géologues. « Quant à nous, les géologues, nous consultons le livre d'histoire de la planète, à savoir les roches les plus anciennes susceptibles de dissimuler de très vieux fossiles », explique Frances Westall, directrice du groupe exobiologie au CBM. Le problème : « Les plus vieux cailloux disponibles sur Terre datent de "seulement" 3,5 milliards d'années, alors

---

[61] Cf. Le Point.fr Publié le 01/10/2004

[62] André Brack, Origines de la vie : quoi de neuf dans la « soupe » primordiale ? Le Figaro, Publié le 19/07/2013 à 18 : 38, Mis à jour le 21/07/2013 à 18 : 15

[63] Chloé Durand-Perenti, *Énigme. Les exobiologistes imaginent à quoi pourrait ressembler E. T*, Le point. Fr Publié le 01/10/2004

que les exobiologistes font remonter l'apparition de la vie autour de 3,8 à 4 milliards d'années. Une époque dont toutes les traces ont été effacées par la tectonique des plaques ». [64]

L'origine de la vie sur la Terre serait-elle à rechercher dans l'espace ? C'est nettement plus évident, affirme l'exobiologie. L'atmosphère primitive ne fut possiblement pas la source de la matière organique indispensable à la survenue de la vie terrestre. L'idée que des acides aminés, les briques élémentaires des protéines, aient pu être synthétisés dans l'atmosphère de la Terre primitive se trouva examinée en 1953 par l'expérience de Stanley Miller qui obtint 4 acides aminés en assujettissant un mélange de méthane, d'hydrogène, d'ammoniac et d'eau à des décharges électriques. Toutefois, lorsque l'on refait l'expérience de Miller aux conditions plus proches de la réalité historique, en passant progressivement du méthane au dioxyde de carbone, la formation d'acides aminés devient de plus en plus impossible. L'exobiologiste André Brack admet ainsi : « **L'atmosphère primitive ne fut probablement pas la source majoritaire de la matière organique nécessaire à l'émergence de la vie terrestre.**[65] »

La vie ne peut pas émerger sur la planète Terre. Une hypothèse à nouveau émise pour survivre aux conclusions des exobiologistes est la panspermie, la reprise d'une théorie ancienne selon laquelle l'origine de la vie sur Terre serait due à une contamination extraterrestre. L'idée réapparaît au XIXe, avec le chimiste suédois Jöns Jacob Berzelius en 1834[66], le botaniste prussien Hermann E. Richter en 1865, le physicien britannique Lord Kelvin en 1871[67] et, entre autres, le scientifique prussien Hermann von Helmholtz en 1879[68]. En 1903, le chimiste

---

[64] Cf. Chloé Durand-Perenti, *op.cit.*

[65] André Brack, *L'exobiologie : de l'origine de la vie à la vie dans l'Univers*, Dans Études 2013/6 (Tome 418), pages 763 à 772

[66] « Analysis of the Alais meteorite and implications about life in other worlds », Liebigs annelen der chemie annelen der Pharmacie, 1834

[67] William Thomson (Lord Kelvin), « Inaugural Address to the British Association Edinburgh. "We must regard it as probably to the highest degree that there are countless seed-bearing meteoritic stones moving through space." », Nature, vol. 4, no 92, 1871, p. 261-278 (DOI 10.1038/004261a0 ,Bibcode 1871Natur...4..261.)

[68] « The word: Panspermia », New Scientist, no 2541, 7 mars 2006 )lire en ligne [archive], consulté le 14 octobre 2017)

suédois Syante August Arrhenius[69] formule la première description théorique de la panspermie. Les hypothèses de panspermie ont été reprises par Donald Barber en 1963, puis par Francis Crick et Leslie Orgel dans les années 1970[70]. Ces nouvelles « théories d'une origine extraterrestre n'expliquent pas directement comment la vie est apparue, car elles ne font *a priori* que reporter le problème », admettent les scientifiques[71].

## L'erreur sur la vie qui peut émerger seule sans d'autres vies.

La vie humaine est inhérente à un écosystème, les propriétés de la vie qui émergent ne sont pas irréductibles et ne se distinguent pas de son écosystème biologique. La vie est consubstantielle à l'interaction complexe d'autres formes de vie végétale, animale et microbienne, entre elles et avec leur environnement physique. Certes, ces systèmes ne sont pas statiques. Ils changent au fil du temps selon la dynamique de l'unité et du conflit des contraires de leurs innombrables constituants biologiques et physiques. Mais, plus la diversité des espèces (nombre d'espèces différentes) est grande dans un écosystème, plus elle est stable.

En revanche, plus la diversité des espèces est faible, plus la tendance à l'instabilité est grande et plus l'écosystème est vulnérable à un effondrement catastrophique de la vie. Une grande diversité atténuera généralement le degré auquel les changements dans un élément particulier du système affecteront le système dans son ensemble. Le rôle d'une espèce, connue sous le nom de niche écologique, peut être progressivement rempli par une ou plusieurs autres espèces, conduisant à un changement progressif.

Cependant, avec une diversité moindre, les écosystèmes tendent à être plus fragiles. La perte ou la non-survenue d'une espèce aura probablement un impact beaucoup plus grand sur le système dans son

---

[69] ) Svante Arrhenius, *Worlds in the Making: The Evolution of the Universe*, New York, Harper & Row, 1908

[70] F.H. Crick et L.E. Orgel, « Directed Panspermia », *Icarus*, vol. 19, n° 3, 1973 ,p. 341-348

[71] Origine de la vie — Wikipédia (wikipedia.org)

ensemble, ce qui créera une instabilité et un effondrement dramatique potentiel. Il est moins probable qu'une autre espèce évolue ou s'adapte avec une rapidité suffisante pour combler le « vide » au sein du système, ce qui pourrait entraîner une série de perturbations en cascade.

## Aucune vie d'une espèce ne peut émerger seule.

La vie d'une espèce ne peut émerger sans la vie en commun d'organismes d'espèces distinctes : *la symbiose. Cette connaissance et l*e terme symbiose sont encore inconnus à l'époque où Darwin écrit son ouvrage précurseur « Origine des espèces ». Aucune vie ne peut exister sans la cohabitation (la coexistence) de plusieurs espèces différentes. Les espèces sont incapables de survivre séparément (contradiction avec l'idée d'une « chaîne linaire d'évolution des espèces » théorisée par Darwin). Cette découverte du « vivre ensemble » a été faite par le botaniste allemand Heinrich Anton de Bary (1831-1888), qui explique comment les lichens résultent de la nécessaire cohabitation d'organismes différents : les cyanobactéries, grâce à la photosynthèse, apportent des nutriments au champignon tandis que le champignon protège les cyanobactéries grâce à ses filaments et leur offre un lieu d'ancrage où l'humidité est constante. Les deux composants sont à ce point dépendants l'un de l'autre qu'ils sont incapables de survivre séparément.

Pour accepter la genèse de la chaîne des espèces, la survenue d'une première espèce, de sérieuses difficultés devaient être résolues. Parmi celles-là : comment les composés organiques indispensables à la vie (sucres, graisses, protéines, acides nucléiques…) fabriqués uniquement par les êtres vivants auraient-ils pu apparaître avant l'existence du vivant ? Quelle pouvait être la source d'énergie nécessaire aux réactions puisque celle qu'utilise la vie, l'adénosine triphosphate (ATP), résulte d'un mécanisme compliqué propre aux autres êtres vivants ?

La cellule a besoin d'énergie sous deux formes très différentes : celle de l'ATP, rapide et instable ; et celle restituée par la décomposition de composés (catabolisme) tels que les protéines, sucres et lipides, où l'énergie a été emmagasinée et stable, et pour lesquels un accepteur d'électron est nécessaire[72]. D'autre part, les réactions d'oxydoréduction supposent la présence d'un donneur ou d'un accepteur d'électron. Enfin, sur le plan des composés organiques, la matière même de la cellule résulte de l'équilibre entre l'anabolisme, qui la construit en utilisant de l'énergie, et le catabolisme, qui en recycle les composés organiques et l'énergie.

Aujourd'hui, la vie est définie comme la co-apparition nécessairement simultanée de plusieurs espèces différentes. Ce qui remet en cause les fondements de la théorie : chaîne évolutive, pression de sélection, etc.

Pierre Joseph Van Beneden (1809-1894), professeur à Louvain, va montrer la nécessaire co-apparition de la vie des espèces par la symbiose. Il existe quatre processus vitaux, expliquant la co-apparition nécessaire à l'existence des espèces : le mutualisme, le commensalisme, le parasitisme, la prédation. L'espèce mutualiste tire son existence de l'espèce hôte, laquelle dépend de la première pour le fonctionnement de son organisme ; le parasite a besoin de l'hôte pour vivre, ainsi de suite. Ce n'est qu'au cours des dernières décennies que les chercheurs se sont consacrés à l'étude à la symbiose, qui est une nécessaire coopération. Comme le dit Nancy Moran dans un article sur la symbiose : « Les symbiotes survivent par des effets majeurs sur leurs hôtes. Par conséquent, bien qu'à peine perceptibles et souvent négligés, ce sont des facteurs critiques pour l'avenir des processus évolutifs et écologiques. Il est maintenant clair qu'ils jouent un rôle déterminant dans la diffusion adaptative, dans l'évolution des lignées et dans la diversification écologique. »

Darwin lui-même écrit à Hooker en 1863 cette déclaration « définitive » : « Toutes ces spéculations sur l'origine de la vie sont bonnes à jeter au panier ; on pourrait tout autant spéculer sur l'origine de la matière. » Dans son ouvrage *L'origine des espèces*, Darwin affirme que la vie avait été « créée [qu'elle était apparue] par un processus totalement inconnu ». Mais, dans ce contexte du « siècle des Lumières », en guerre contre les religions et obscurantisme, il avait rapidement été rappelé à l'ordre, pour avoir utilisé le terme « création », renvoyant aux religions révélées. Cette conclusion n'empêchait manifestement pas ses successeurs de continuer à soutenir cette idée d'une vie « émergée » et cette chaîne de l'évolution « sous la pression ». Cette spéculation sera

---

[72] *L'origine de la vie et les métalloenzymes à fer-soufre [archive]. Juan C. Fontecilla-Camps. Exposé au Collège de France, 26 mai 2010.*

entretenue par des chercheurs jusqu'à nos jours, comme d'ailleurs celle sur l'origine de la matière qui relève du même ordre.

Toutefois, d'autres difficultés fondamentales subsistent, sapant la crédibilité de la théorie de l'évolution, notamment celles relatives à l'auto-détermination de l'homme.

# CHAPITRE 22

# L'AUTO-DÉTERMINATION DE L'ORGANISME EN QUESTION

Aujourd'hui, les scientifiques s'accordent à dire que toute la vie actuelle découle d'une vie antérieure. La clarification des termes « découler », « nouvelle » ou « irréductible » (appliqués aux propriétés), et de leurs différentes acceptions possibles, est nécessaire. Dans la théorie de l'évolution, « la chaîne évolutive », « découler » signifie « la lutte pour la survie. »

La « lutte pour la survie » est conscience de soi. Cette conscience de soi est sous-jacente à des comportements volontaires qui déterminent la physiologie de l'organisme. La volonté désigne généralement la faculté d'exercer un libre choix gouverné par la raison. Cela signifie d'abord une conscience de soi, une individuation, une réponse volontaire d'un être vivant à l'ensemble des réactions qui lui permettent notamment de se maintenir en vie, de se reproduire, de se développer et de répondre aux stimuli de son environnement.

## L'auto-détermination de l'homme : l'erreur sur l'individualité de l'Homme

La conscience se définit comme la « relation intériorisée immédiate ou médiate qu'un être est capable d'établir avec le monde où il vit ou avec lui-même ». Cette relation intériorisée, qui participe à la « lutte pour la survie », à la modification de l'organisme, suppose une vraie conscience de soi de l'homme.

Quatre fonctions de « la conscience de soi » sont essentielles à la « lutte pour la survie » : la faculté de se constituer l'« individu » par rapport à un environnement « extérieur », la faculté de maintenir l'intégrité de « l'individu » par rapport à l'environnement, la faculté de maintenir un métabolisme cohérent par des échanges chimiques avec le milieu environnant (lui permettant notamment de se maintenir en vie), la faculté de se répliquer en produisant d'autres « individus » semblables.

Ainsi, par rapport à un environnement « extérieur », il ne maîtrise pas ce qui fait son « individuation ». On note d'ailleurs une fausse individualité de l'homme. L'homme n'est pas auto-déterminé. Il est composé de milliards d'êtres vivants, et dont il n'a pas de souvenirs, de sentiments, de jugements, de sensations et de savoir et encore moins de prise. Entre la bouche et le rectum, sur une surface considérable de près de 400 $m^2$, plusieurs milliers de milliards d'êtres cohabitent en lui. Pour acheminer, transformer et fermenter la nourriture, 320 espèces différentes de populations prennent services dans la bouche ! Ces micro-organismes échangent constamment entre elles leurs ADN porteurs de gènes. La facilité et la vitesse de la propagation de l'information génétique sont proches de celles des télécommunications modernes, compte tenu de la complexité et de la valeur biologique de l'information transférée. Il en résulte une grande machine super évoluée.[73]

Plusieurs millions de germes d'organismes, prêts à éclore, sont présents dans chaque millilitre de salive ! Plusieurs milliards d'organismes travaillent simultanément dans le tube digestif pour permettre la digestion. Mais c'est en aval du tractus digestif que résident la plupart de micro-organismes. Dans la dernière partie de l'intestin grêle, l'iléon, vit une population plus importante encore d'organismes, de l'ordre d'un milliard par gramme de matière.

La conscience de soi c'est se reconnaître, comme devant un miroir. Ce qui pose un problème pour l'homme. Il ne maîtrise pas ce qui fait son « individuation ». Les deux tiers des espèces intestinales dominantes qu'héberge chaque individu adulte lui sont totalement spécifiques. Le

---

[73] Lynn Margulis (née Lynn Petra Alexander), p. 82, 89, 90, 95

microbiote intestinal est unique et propre à chacun de nous, même s'il comporte une grande diversité.

Pour le psychologue Ilum Place[74], nous croyons à tort connaître directement les propriétés réelles de nos sensations à travers leurs caractéristiques « phénoménales », à partir desquelles les objets et les propriétés physiques de l'environnement sont effectivement inférés, alors que c'est au contraire à partir de la connaissance de l'environnement physique que nous pouvons connaître la nature véritable de nos sensations.

Aussi, la théorie de « la survie du plus apte » chère à Darwin et la notion de chaîne évolutive, qui suppose une « auto-détermination » de l'homme, sont totalement décalées de la réalité. La théorie de la coévolution, de la coopération entre espèces, au-delà de faire effondrer les fondements de la théorie de l'évolution, la notion de chaîne évolutive, par « la survie du plus apte » sous la « pression de sélection », confère une finalité téléologique aux systèmes naturels qu'elle veut définir. Il se pose ainsi, la problématique de l'auto-détermination de l'espèce ou de l'organisme, l'origine même de la conscience.

## L'heure des questions difficiles : les choses de la « psyché »

Aujourd'hui, il semble y avoir un consensus des chercheurs sur l'origine problématique de la vie (chimistes, géochimistes, biochimistes, exo/astrobiologistes, informaticiens, philosophes et historiens des sciences), mais le problème central est de trouver une définition universelle et surtout de s'accorder sur les éléments constitutifs de la vie : qu'est-ce qui caractérise les organismes par rapport aux objets inanimés ? Comment ces caractéristiques se sont progressivement installées dans les systèmes qui sont appelés des « organismes ? »

La théorie de l'évolution en général et celle de la coévolution, de la coopération entre espèces, confèrent une finalité téléologique aux systèmes naturels qu'elles veulent définir. Le pourquoi est à la base de l'évolution de l'organisme. Le « pourquoi » de l'évolution de Charles

---

[74] Ulin Place « *Is Consciousness a Brain Process?* » (« La conscience est-elle un processus cérébral ? ») 1956

Darwin indique la finalité, le sens, en justification à la théorie du « dessein ». La théorie de l'évolution qu'il met en jeu est téléologique. L'on y voit une authentique adaptation de moyens à une fin. Lorsque les parties paraissent ordonnancées « *au sujet de* », à « une fonction » de, on parle alors de « finalité » ou « cause finale » dans les systèmes naturels. Ces réalités sont plus métaphysiques que scientifiques.

La finalité est évoquée lorsque le système naturel entreprend de faire quelque chose, tente d'obtenir un résultat. Cette explication conduit à interpréter comme « finalisée » l'action observée d'un organisme : que veut-il faire ? Quel est le sens de son acte ? Les systèmes naturels donnent l'impression d'avoir une fonction bénéfique ou maléfique. La finalité est supposée non seulement dans l'action de l'hominisation, mais dans le comportement ou la structure d'un organisme d'origine, supposé inconscient. L'impression de finalité paraît lourde de sens contre la théorie de l'évolutionnisme, en vertu de l'espèce qui a une force originelle intrinsèque ou une force extrinsèque. Ce sens contre la théorie de l'évolutionnisme s'ancre dans le désir de trouver une loi qui rendrait la répétition possible. Cette force est aussi, du même mouvement, un projet, une action qui veut anticiper sur le futur.

Cette conscience est, en ce sens, une unité synthétique sous-jacente à tous nos comportements volontaires. L'une des explications obligatoires demeure la conscience. Les phénomènes de la Psyché, par exemple, la conscience, la volonté, sont proposées par l'évolutionnisme, comme une propriété émergente du cerveau ; et la vie des organismes est entendue comme une propriété émergente de la physico-chimie. Pour Friedrich Nietzsche, la conscience est la dernière et la plus tardive évolution de la vie organique, et par conséquent ce qu'il y a de moins accompli et de plus fragile. La vie admise par le sujet grâce à la conscience de soi-même (« *je pense donc je suis* ») tend à exprimer l'état de conscience de celui qui s'exprime. La conclusion pourrait dès lors paraître redondante. C'est aussi la faculté de douter de sa propre existence qui « atteste » de cette existence même.

La volonté désigne généralement la faculté d'exercer un libre choix gouverné par la raison. Les éléments qu'elle contient, souvenirs, sentiments, jugements dépendent d'un contexte culturel, ce qui fait de la « conscience de soi » une réalité empirique changeante et multiple. L'unité et la permanence du moi ne sont donc pas garanties par l'unité, peut-être seulement nominale, de la conscience.

## L'étonnante démarche scientifique : éliminer ce qu'on ne peut pas expliquer

L'explication des phénomènes de la Psyché, comme l'âme, la conscience et volonté sont incontournables dans l'explication de la vie. L'évolutionnisme congédie ces notions et les classe, tout au plus, dans le lot de phénomènes physico-chimiques. Les notions proprement psychiques sont éliminées de la réalité dans la théorie évolutionniste.

La conscience ne serait qu'un reflet de certaines fonctions physiques du cerveau et ne peut en ce sens intégrer le champ de la science. L'approche évolutionniste (*éliminativiste*) implique en réalité qu'il n'existe rien de tel que ce que l'on entend habituellement par « la conscience ». Selon la théorie, ce phénomène est une « prénotion » qui sera éliminée, au fur et à mesure des progrès en neurosciences. Une telle élimination va ainsi continuer pour toutes les autres notions psychologiques. Certains *éliminativistes,* qui nient l'existence de la « conscience », admettent cependant le caractère irremplaçable de la psychologie, pour le sens commun.

En 1956, le psychologue Ulin Place annonce dans son court article resté célèbre, « *Is Consciousness a Brain Process ?* » (« La conscience est-elle un processus cérébral ? »)

La critique faite par l'éliminativisme de « l'introspectionnisme », autrement dit, du « préjugé » selon lequel l'introspection constitue un mode de connaissance direct et par là infaillible de nos propres états mentaux. Il dénonce « l'illusion phénoménologique » (*phenomenological fallacy*) par laquelle nous sommes amenés à considérer que quand un sujet décrit ses expériences au moyen de l'introspection, il décrit vraiment les propriétés des expériences qui l'affectent.

L'évolutionnisme à travers l'éliminativisme radical ou classique considère que notre compréhension habituelle du mental relève d'une erreur constitutive et que les neurosciences arrivées à terme montreront que les états psychiques dont nous parlons chaque jour en utilisant des mots tels qu'intention, croyance, désir, amour n'existent tout simplement pas. Ce genre de termes ne réfère à rien de réel ; il ne s'agit que d'une impropriété de notre langage qui, par la théorie qu'il sous-tend, nous trompe en nous faisant croire que les hommes possèdent les états qu'ils décrivent.

L'évolutionnisme paraît pencher plutôt du côté du matérialisme, tout provenant par évolution d'un donné matériel homogène initial. Pour les évolutionnistes-illusionnistes, la conscience n'existe pas, elle est une illusion. Le « problème difficile de la conscience » ne se pose donc pas. Il n'y a pas lieu d'expliquer ce qui n'existe pas. Les illusionnistes ne sont pas pour autant sortis de la difficulté, car ils doivent résoudre à la fois le « problème de l'illusion de la conscience[75] », celui qui consiste à expliquer l'impression forte que nous avons d'être « phénoménalement » conscients, et le « méta-problème de l'illusion[76] », le problème posé par le fait que, lorsqu'il est question des phénomènes conscients, il nous semble que l'apparence constitue la réalité ou l'essence du phénomène considéré. Nous avons effectivement, l'intuition très ferme que, lorsqu'il s'agit de la conscience, il n'est pas possible de distinguer l'apparence de la réalité. Par conséquent, l'illusion de la conscience est conscience.

Le psychologue Jerry Fodor note dans ce sens que si la science de psychologie, basée sur les concepts mentaux, devait réellement disparaître au profit des seules sciences du cerveau et du comportement, comme le prévoit l'évolutionnisme, à travers l'éliminativisme, « **cela représenterait sans conteste la plus grande catastrophe intellectuelle de l'histoire de notre espèce.** »[77] Malheureusement, cette catastrophe aura été au-delà des limites imaginables.

---

[75] François Kammerer, *Conscience et matière : Une solution matérialiste au problème de l'expérience consciente*, Paris, Éditions matériologiques, 2019

[76] Francois Kemmer, idem, ibidem

[77] Jerry Fodor 1987, *Le néant déchaîné – Lumières, traduit dans Ray Brassier*, Le néant déchaîné – Lumières et extinctions, Paris, Presses Universitaires de France, 2017

# PARTIE 8

# SURPRENANTS PASSÉS DE L'HOMME QUI INVALIDENT LA THÉORIE DE L'ÉVOLUTION

# CHAPITRE 23

# INEXISTENCE D'HOMMES PRIMITIFS

## Comment les préjugés ont induit en erreur les théoriciens

En proposant une théorie chargée de décrire « l'entière évolution cognitive de l'humanité », les « sciences » naissantes, notamment la sociologie et l'anthropologie, justifiant le « développement » de l'Occident, ont contribué à ancrer des préjugés chez les Occidentaux. La sociologie, avec Auguste Comte, propose une « *théorie sur l'histoire de l'humanité* »[78]. De cette théorie, il existe un développement linéaire et continu de l'Homme en trois grandes phases, appelées « états » historiques. Une période primitive de l'humanité marquée par le fétichisme et des croyances surnaturelles, paradigme explicatif de l'aliénation et de la non-évolution des autres hommes.

Le deuxième état, qu'Auguste Compte a intercalé dans les deux grandes phases antérieurement décrites par son maître à penser Saint-Simon, est l'état métaphysique. L'état métaphysique désigne le siècle des Lumières et notamment les encyclopédistes. Auguste Comte leur

---

[78] *La première se trouve dans le Plan des travaux scientifiques nécessaires pour réorganiser la société (1822), la seconde dans le Cours de Philosophie positive (1830-1842), et la troisième dans le Discours sur l'esprit positif (1844).*

reproche de raisonner à partir de la supposition abstraite et métaphysique d'un contrat social primitif comme le fait notamment Jean-Jacques Rousseau et de raisonner à partir des droits individuels communs à tous les hommes, aboutissant aux idées de liberté et de souveraineté du peuple.

La dernière étape du développement naturel des sociétés est l'état scientifique. L'état scientifique, aussi appelé état positif, l'âge de la science, est celui de l'organisation rationnelle de la société.

Au XIXe siècle, et parallèlement au courant positiviste d'Auguste Comte et à l'organicisme du philosophe britannique Herbert Spencer, d'autres penseurs contribuent au préjugé faisant de la société occidentale moderne comme la société idéale : Alexis de Tocqueville, John Stuart Mill et Karl Marx, entre autres. On voit s'annoncer dans ce siècle les préoccupations fondamentales de la sociologie classique : l'opposition entre la modernité et les formes traditionnelles d'organisation sociale, le sens du progrès et de l'évolution historique et, finalement, les décalages et les ajustements entre la vie subjective des individus, d'une part, et l'ordre matériel et social, d'autre part.

D'autres sociologues allemands comme Ferdinand Tönnies ou Georg Simmel, auteur de Philosophie des Geldes (Philosophie de l'argent, 1900), s'intéressent, dans la ligne de Weber, à la condition particulière des sociétés modernes. L'opposition entre tradition et modernité, ou entre communauté (Gemeinschaft) et société (Gesellschaft), est un thème classique de la sociologie de cette époque. Dans un sens similaire, Durkheim s'intéresse au changement des formes d'intégration morale, en analysant la différence entre solidarité « mécanique » et solidarité « organique ».

Le développement de la sociologie européenne dans la première moitié du XXe siècle s'organise donc autour de ces thèmes, reflets d'une époque mouvementée : fondement et crise des formes d'intégration sociale, rôle de l'État moderne et développement de la bureaucratie, portée et limites du capitalisme.

C'était également l'époque de la fascination pour les objets des primitifs promis à la disparition, qu'il fallait systématiquement collecter à des fins d'étude et de conservation au musée du Trocadéro. L'ethnographe et l'archéologue prenaient part à la même aventure qui conduisait directement ou indirectement à la célébration de l'Empire.

Georges-Louis Leclerc, comte de Buffon (7 septembre 1707-16 avril 1788) dont les théories ont influencé les deux générations des évolutionnistes, en particulier Jean-Baptiste de Lamarck (1er août 1744 –18 décembre 1829), et Charles Darwin (12 février 1809-19 avril 1882), imagine l'expérience consistant à envoyer au Danemark des familles du Sénégal sans leur permettre de se croiser avec les blancs ; selon lui, c'est par ce moyen qu'on pourrait savoir combien il faudrait de temps « pour réintégrer à cet égard la nature de l'homme ». Il est persuadé de la supériorité de la race blanche.

Cette idée fixe de supériorité de la race blanche était aussi produite par le siècle des « Lumières ». L'état de nature fabriquée, à partir du XVII^e par les théoriciens du « siècle des lumières », s'oppose à l'état civil. Cet état désigne la situation dans laquelle l'humanité se serait trouvée avant l'émergence de la société, et particulièrement avant l'institution de l'État et du droit positif. Pour Hobbes, donc, l'état de nature est un « état de guerre de chacun contre chacun » (dans *Léviathan*). Comme Thomas Hobbes, Jean-Jacques Rousseau suppose l'existence d'un « état de nature » avant l'instauration de l'état social. *Du Contrat social*, où l'on peut lire :

> « Ce passage de l'état de nature à l'état civil produit dans l'homme un changement très remarquable, en substituant dans sa conduite la justice à l'instinct, et donnant à ses actions la moralité qui leur manquait auparavant. C'est alors seulement que la voix du devoir succédant à l'impulsion physique et le droit à l'appétit, l'homme, qui jusque-là n'avait regardé que lui-même, se voit forcé d'agir sur d'autres principes, et de consulter sa raison avant d'écouter ses penchants.[79] »

L'évolutionnisme, à la suite des littéraires, des « penseurs », des anthropologues, ethnologues, biologistes, a imaginé des Primitifs proches de l'animal qui ont évolué de façon unilinéaire jusqu'au « niveau suprême » de la société moderne. Selon les termes de Norman Clermont : « ...on voyait l'homme se dégager de l'animalité, se redresser, développant son cerveau, sa denture, ses mains, ses moyens locomoteurs et prenant peu à peu la forme de celui qui avait créé selon le même rythme toute la complexité culturelle actuelle ». (Clermont 1978 : 373).[80]

---

[79] *Du Contrat social ou Principes du droit politique* ; Livre Premier, Chapitre VIII[5].

[80] In "Qui étaient les Attikamègues ?" Anthropologica, 16(1) : 59-74. *La culture matérielle des Indiens de Weymontachie : Images d'hier dans une société en mutation. Montréal* : Recherches Amérindiennes au Québec, 157 p.

Selon Darwin, mais aussi selon T. H. Huxley, qui s'en inquiète, les races dites inférieures sont vouées à l'extinction au même titre que les grands singes, selon un processus qui tient tout autant de la Sélection naturelle que du « choc des civilisations » alors que la « race » supérieure a toujours davantage de perfection (ainsi désignée la race blanche de culture occidentale).

Le darwinisme s'est mué en théorie eugéniste. Darwin n'hésite pas à parler de « races inférieures » et de « races supérieures » (à l'époque, on parlait de « race »), à utiliser les termes de perfection et de progrès, à évoquer l'extinction des « races » inférieures comme une sorte de nécessité naturelle, et par ailleurs, tombe d'accord avec Galton sur un point : l'espèce humaine est menacée de dégénérescence biologique du fait qu'elle protège ses membres les plus fragiles et les plus faibles. Nombreuses sont les « races » ainsi exterminées. En 1904, les Héréros puis les Namas, vus comme des « sauvages », sont victimes d'un massacre des Allemands, une déportation massive, le travail forcé et diverses exactions mortifères. Entre 1830 et 1900, le Royaume-Uni et la France prennent possession de plus de la moitié de l'Afrique. L'Allemagne se voit en 1884 accorder quatre zones d'expansion qu'elle nomme Togoland (Togo), Ostafrika (Tanzanie, Ruanda, Burundi), Kamerun (Cameroun) et Südwestafrika (Namibie).

L'histoire coloniale européenne, encouragée par l'ethnologie, est pleine de cette erreur sur l'*Autre*, sur la différence physique et culturelle. Au 19e siècle, l'*Autre* était assimilé au *sauvage* décrit par les évolutionnistes. Les ethnologues ramenaient de leurs voyages des indigènes qu'ils exposaient. La plus célèbre de cette erreur fut sans nul doute la Sud-Africaine Bartman surnommée la *Venus hottentote*. Cette femme était ramenée de son village natal et exposée. Au 19e siècle, les ethnologues organisaient des expositions zoologiques du « sauvage » auquel les visiteurs jetaient de la nourriture à travers les grillages, quand ils ne comparaient pas leurs traits à ceux des primates ou qu'ils ne s'étouffaient pas de rire devant une Africaine nue, malade et tremblante.

Les parcs zoologiques humains voyaient le jour en 1874, quand Karl Heigenberg, un promoteur de zoo allemand, avait décidé d'exhiber des peuples dits primitifs (des Samons et des Lapons). C'est au tour de Geoffroy de Saint-Hilaire, le directeur du « Jardin d'acclimatation » d'organiser des « spectacles ethnologiques » en exposant des Nubiens et des Esquimaux. Ces spectacles connurent un succès triomphal. À partir de ce moment, on trouvait des parcs de zoo humains partout et la théorie était un bon moyen de promotion de la colonisation.

La théorie évolutionniste et la pratique coloniale se renforçaient mutuellement. Lors des expositions universelles de 1878 et de 1889, des villages nègres sont présentés avec plus de 400 figurants. À cette époque, presque tous les Français pouvaient savourer un zoo humain grâce aux shows qui sont itinérants. Avant la messe catholique du dimanche et après le petit déjeuner, les populations vont voir les « Sauvages ». La mise en scène de ces shows devient de plus en plus sophistiquée. Les patrons de zoo font faire aux « Sauvages » des simulations de rites cannibales, ou encore des combats sanguinaires ou des danses fanatiques. Toutes les publicités de ces shows insistaient sur la barbarie et la cruauté des sauvages qu'on allait exposer sur scène. Et de plus en plus, on cherchait à aller plus loin. On part dégoter des « Nègres albinos », des « Lilliputiens » ou des « Macrocéphales ». Des centaines de milliers de personnes par mois sont ainsi attirées par ces spectacles où sont exhibés des Hottentots, des Buchmans, des Pygmées, mais aussi des Derviches tourneurs et même des populations européennes, des Bretons et des Finnois.

Les ethnologues venaient sur place, faisaient des conférences à destination du public et faisaient des observations en direct. À cette époque, personne ne semble s'émouvoir des conditions sanitaires épouvantables des indigènes exposés. Personne ne s'inquiète quand des Indiens Calinias mouraient par exemple à cause du climat français.

Ces spectacles connurent un succès parce qu'ils coïncident avec l'image sociale que les Européens avaient de l'Autre. À l'époque, l'échelle des « races » était une évidence. Le corps de Bartman fut vendu aux chercheurs (paléontologues, anthropologues, anatomistes, etc.), qui l'ont disséqué pour arriver à déterminer ce qu'ils appelaient la « limite » entre la race humaine et le singe, dont la « preuve » était les Hottentotes et les Buchmanes. On estimait que Bartman et les Hottentotes en général faisaient partie d'une population « limite » entre le monde des humains et celui des singes. Pour corroborer cette thèse, les parties du corps de Bartman et son cerveau ont été disséqués, analysés et conservés dans du formol. Les moules de son corps ont été déposés dans les musées. On estimait que les Hottentotes ne parlaient pas avec les clics, une langue très habituelle aux oreilles occidentales.

Dans le même ordre d'idées, Jacqueline Roumeguère-Eberhardt (1927-2006) a cru pouvoir retrouver le chaînon manquant dans la grande forêt africaine, « un hominidé non identifié à mi-chemin entre l'homme et le singe » (Roumeguère-Eberhardt 1990 : 215). Sous le titre évocateur de « L'homme sauvage et la déesse Blanche », son préfacier Bernard Heuvelmans (1916-2001) l'interprète comme « le processus de mythification qui semble déterminé par l'organisation de notre cerveau » (Roumeguère-Eberhardt 1990 :

En remplaçant les récits philosophiques ou de conte moral par des monographies ethnologiques, l'anthropologie, dès le 19e siècle, se veut désormais une description vainement objective des sociétés exotiques. À titre d'exemple, Evans-Pritchard nous donne une image des Nuer qui renvoie au modèle de la démocratie anglo-saxonne : l'équilibre des segments chez les éleveurs soudanais étant peut-être l'équivalent de l'équilibre des pouvoirs chez Montesquieu. Les « découvertes » de Margaret Mead sur le Samoa véhicule des préoccupations relatives aux difficultés d'adaptation de la jeunesse américaine des années 1930.

Même lorsqu'elle se veut objective, l'anthropologie est donc tout d'abord une émanation de l'ethnocentrisme occidental, une façon de se définir soi-même comme supérieur, de caractériser les autres par rapport à la culture occidentale. Lewis Henry Morgan, après s'être fait connaître par une monographie sur les Iroquois, expose sa théorie dans son ouvrage *Ancient Society*. Il décrit toujours trois stades d'évolution des sociétés : sauvage, barbare et civilisé. Chacun de ces stades se divise en trois sous-stades : inférieur, moyen, supérieur.

Dans sa théorie, Morgan distingue trois stades principaux dans l'évolution de toute société humaine : l'état sauvage, la barbarie, la civilisation. La « civilisation » est caractérisée par l'invention de l'écriture alphabétique, l'industrie, la maîtrise du fer et l'art élaboré. Au rang supérieur de cette évolution se trouve pour Morgan la population occidentale. L'état « sauvage » est représenté, entre autres, par les tribus australiennes, les tribus polynésiennes.

Les Africains étaient toujours considérés par les anthropologues comme les êtres primitifs. Le peuple Khoikhoi d'Afrique du Sud, rarement vu en Europe, a même été assimilé par la langue (le clic) et la morphologie comme le chaînon manquant, entre l'homme et le singe. Après sa mort, le chirurgien de Napoléon et naturaliste de renom, Georges Cuvier, a disséqué le corps de Sarah Bartman et conclu qu'elle avait des traits semblables à ceux des singes.

Pendant des siècles, l'Afrique a été décrite, présentée par les Occidentaux comme un continent obscur, sauvage, habité par les hommes primitifs, ancêtres de l'Homme. L'impérialisme de la culture occidentale influencera en réalité toute une série de chercheurs comme Kroeber, Kluckohn, Bénédict, Mead, Linton, Herskovits, etc. L'anthropologue se substituait au missionnaire pour civiliser, porter la « bonne parole ».

En réalité, la conquête coloniale dépassait le cadre économique. Les colonies ont été un laboratoire grandeur nature de l'application des concepts du développement, des idéologies sociales des Lumières en cours, dans la société européenne. Les colonies ont été un laboratoire grandeur nature pour l'expérimentation des nouvelles idées des philosophes du 18e siècle et des réformes sociales.

Cette perspective est reflétée de façon notoire dans le discours colonial, au travers de la terminologie employée par Adolphe Louis Cureau (1864-1913), gouverneur des colonies en poste au Gabon et Congo en 1912, pour décrire les peuples de la forêt équatoriale : « Ils étaient témoins actuels de l'humanité des premiers âges [...] » (Cureau 1912 : 483).

Ces gouverneurs, issus de l'Instruction publique ou de Saint-Cyr, se sentent investis de la mission de sauver de l'oubli une culture méconnue, menacée par l'extension du « progrès »[81]. L'archéologue Salima Naji, après avoir étudié cette époque, note : « Science coloniale, l'archéologie va ainsi épouser les grandes lignes des idéologues du moment et être instrumentalisée pour servir le pouvoir colonial. »[82]

Consul en Égypte, Benoît de Maillet (1656-1736) fut un des précurseurs du transformisme dans son célèbre « Telliamed » ; il pressentit la transformation des êtres aquatiques en êtres terrestres et aériens. On voit qu'au 18e siècle, la classification raciale opérée pour l'ensemble des populations du nord de l'Afrique était beaucoup plus riche que celle observable juste après 1830, qui devint essentiellement binaire.

Au cours du 19e siècle, l'évolutionnisme unilinéaire et la philosophie du progrès ont imposé une théorie unitaire du développement social ; la société industrielle alors réalisée apparaît comme la forme vers laquelle

---

[81] Louis Châtelain (1883-1950).

[82] Cf. Salima Naji, *Archéologie coloniale au Maroc, 1920-1956 : civiliser l'archaïque*

devaient nécessairement tendre les sociétés estimées moins « avancées ». Aujourd'hui, le néo-évolutionnisme, sociologues et de politicologues, fait admettre pour chaque société la possibilité de créer sa propre modernité. G. Maryanov, dans une étude consacrée aux transformations politiques de l'Indonésie contemporaine, trouve là une conclusion à sa recherche : « Chaque société suit sa propre voie de développement vers un état de modernité qui lui est particulier... Nous ne pouvons pas utiliser plus longtemps le modèle occidental comme étalon de mesure. »

Au-delà de cette constatation, les théories du « développement », dans la logique de l'évolutionnisme, s'attèlent à fournir les recettes du développement, les formules savantes, à résumer les étapes et à parfaire les législations internationales.

Il serait donc illusoire de penser que l'enthousiasme de ces chercheurs, opérant dans un environnement présenté comme des plus répulsifs, fut seulement dicté par un zèle scientifique tout empreint de neutralité et d'indifférence aux idées reçues. Germain Loumpet, dans son ouvrage, *L'archéologie comme science coloniale en Afrique centrale équatoriale*, affirme, « Historiquement, on peut légitimement affirmer que l'archéologie ne fut pas inspirée dans sa constitution progressive comme science par des motivations essentiellement colonialistes dans l'acception stricte du terme. Au-delà de cette quasi-évidence, elle n'en fut pas moins profondément influencée, en Afrique en particulier, par les thèses évolutionnistes qui dominaient, depuis le début du XIX$^{e}$ siècle, aussi bien la pensée politique que scientifique moderne au travers de ses paradigmes et mythes, comme le progrès et la perfectibilité.

Yves Coppens a, en effet, montré que le processus de l'hominisation n'avait été rendu possible que dans un environnement des savanes que le rift avait isolé de la forêt équatoriale humide au-deçà de laquelle les pongidés n'évoluèrent guère (Coppens 1983). Bien que cette théorie ait été révisée au profit d'une *West Side Story* prônée par Michel Brunet (Brunet 1997), elle semble avoir été influencée par le préjugé récurrent de la métaphore zoologique de l'homme primitif et de la nature sauvage.

# Chapitre 24

## La science des ancêtres africains dépasse la science actuelle

Une règle tacite était que l'Afrique représentait la terre des ancêtres primitifs, dans le processus de l'hominisation. Ces ancêtres primitifs ont par la suite migré en Europe avant de se « développer ». L'Afrique noire restera rangée dans le domaine de l'ethnologie jusqu'en 1960.

Selon les paléontologues, qui ont épousé les théories évolutionnistes, le Néolithique (autrement appelé « âge de la pierre polie ») débute au Proche-Orient vers 8500 ans et atteint la Grèce vers 6500 ans av. J.-C. Il commence en Chine un peu plus tard, vers 6000 av. J.-C. Le Néolithique, qui succède au Mésolithique (âge de la cueillette et de la chasse), est une période marquée par l'adoption par les groupes humains d'un modèle de subsistance fondé sur l'agriculture et l'élevage. Le Néolithique prend fin, selon les premières théories, avec l'apparition, puis la diffusion de la métallurgie du bronze (celle du fer ne serait pas encore connue), à partir de 3000 av. J.-C. en Asie Mineure. « *Le Néolithique émerge dans les populations de chasseurs-cueilleurs locales de l'Anatolie centrale sans que l'on puisse démontrer une influence externe. Le Néolithique en Anatolie s'étend entre 9500 et 6000 av. J.-C.* »[83]

---

[83] Maciej Chyleński, Edvard Ehler, Mehmet Somel, Reyhan Yaka, Maja Krzewińska, Mirosława Dabert, Anna Juras et Arkadiusz Marciniak, « Ancient Mitochondrial Genomes Reveal the Absence of Maternal Kinship in the Burials of Çatalhöyük People and Their Genetic Affinities », MDPI AG, vol. 10, no 3, 11 mars 2019, p. 207

L'archéologie n'a donc pas suscité en Afrique un intérêt des puissances colonisatrices pour des découvertes de vestiges de civilisation. Seule l'aire des pyramides qui s'imposaient d'eux-mêmes, d'autant plus qu'ils se trouvaient dans la partie « blanche », faisait l'objet de fouilles. L'Afrique « noire » n'était pas l'objet de missions archéologiques. Elle ne fait pas partie des découpages en aires géographiques ou culturelles ni des domaines d'intervention des sous-commissions des fouilles rattachées au ministère des Affaires étrangères en 1945 (Gran-Aymerich 2001). Seules l'Égypte, l'Éthiopie et l'Afrique du Nord en font alors partie.

Une telle répartition exprime un préjugé évident en faveur des aires traditionnellement reconnues de grandes civilisations au détriment des peuples « sans écriture ». L'ethnographie avait comme particularité de prétendre expliquer les faits du passé par l'observation du présent. L'ethnographie se proposait ainsi d'étudier la rémanence du passé au travers des rites et des croyances, de la technologie ou de l'organisation sociale, alors que l'anthropologie physique étudiait les continuités et les ruptures somatiques entre les peuples présents et passés.

Robert Cornevin (1919-1988), historien de l'Afrique, décrit la forêt équatoriale comme « une masse impénétrable opposée à la formation d'États ayant une existence historique, car aucun État important ne s'y est développé [...] [84]». De même, André Leroi-Gourhan (1911-1986), dans son *Rapport sur l'ethnologie française*, exprime la prédilection de la recherche archéologique pour les milieux des savanes sèches au détriment des régions forestières humides. Et il conclut : « [...] pour l'instant au fond, la forêt n'a pas d'histoire. »[85]

La négritude des peuples de l'Égypte antique a ainsi toujours été niée. Même quand la réalité, têtue, des témoignages d'époque, les dessins dans les tombes montrent clairement de figures de Noirs, ces personnages étaient considérés par les ethnologues et interprétés comme des esclaves. Dans ces films historiques, le Pharaon était toujours un blanc. Et ceci malgré des découvertes de corps de Pharaon entièrement conservés, ils

---

[84] Robert Cornevin, *Histoire de l'Afrique des origines jusqu'à nos jours*, avec Marianne Cornevin, 1956, 423 p. (rééd. 1964, 1974)

[85] Leroi-Gourhan André et Poirier Jean — *Ethnologie de l'Union française*, Population, 1953 8-2 p. 386

étaient des Noirs[86]. Comment les Primitifs ont-ils pu construire, à l'âge dit « de la pierre » des pyramides et stèles prodigieux dont les architectes modernes n'arrivent pas à comprendre l'ingénierie, la technique ?

Comme le rapporte Gilles Boëtsch, « il convenait, en fait, d'exclure radicalement de la négritude les représentants du "génie égyptien" en fonction du paradigme, alors dominant, selon lequel les grandes civilisations ne pouvaient être associées qu'au type caucasoïde. »[87]

Benoît de Maillet, dont la *Description de l'Égypte* (1735) est bien davantage qu'un simple récit de voyage : c'est un véritable essai de synthèse sur ce pays. Décrivant la population égyptienne, il mentionne « les coptes, qui sont les naturels du pays, les Maures, les Arabes, les Turcs, les Grecs, les Juifs, les Arméniens, les Syriens, les Maronites et les Francs. » Ceci l'amène à conclure, avec une certaine perspicacité, que « les Égyptiens d'aujourd'hui sont différents de l'ancien peuple ».

Peu de peuples ont suscité autant de questions, chez le monde savant, que le peuple égyptien. Longtemps décrit comme celui qui permit le passage de la barbarie à la civilisation, le peuple de l'Égypte antique a été assurément un objet privilégié de la curiosité occidentale, comme si le passé le plus lointain formait les racines les plus puissantes de notre présent. La linguistique, la paléontologie, l'anthropologie physique et, surtout, l'égyptologie — comme spécialisation de l'archéologie — ont contribué, chacune à leur manière, à faire de l'Égypte — de son passé et de ses populations — le *topos* de « l'émergence » de la civilisation[88].

Pourtant, historiquement, les rapports migratoires auraient fonctionné, non pas comme décrit par les évolutionnistes, mais dans le sens inverse entre les Égyptiens et les Grecs : une relation « nord » - « sud » sur le plan du mouvement des hommes, mais sud-nord sur celui des idées. Hérodote affirmait déjà que la religion des Grecs était d'origine égyptienne ; mais, comme le souligne Hartog, l'admiration des Grecs pour la science égyptienne[89].

---

[86] Selon les propos rapportés, le Prophète Mohammed, lors de son ascension dans le Ciel, aurait été impressionné par la noirceur du teint du Prophète Moïse, quand il l'a vu. Cf. Professeur Mounirou Sy, les Sirènes de Gao, édition Sirius, 2021

[87] Gilles Boëtsch, *Noirs ou blancs : une histoire de l'anthropologie biologique de l'Égypte,* pp. 113-138 https://doi.org/10.4000/ema.643

[88] Maillet (de) B., *Description de l'Égypte,* Rollin, Paris, 1735, p. 27.

[89] cf. Hartog F., « Les Grecs égyptologues », *Annales ESC,* 5, 1966, pp. 953-967

Les civilisations grecques phéniciennes, chaldéennes, indoues sont des terminaisons de l'Égypte. Le phénicien est un produit de l'Égypte. Son alphabet est né dans les temples égyptiens, car l'Égypte possédait quatre sortes d'écritures : l'écriture épistolographique ; l'écriture hiéroglyphique ; l'écriture hiératique ; l'écriture symbolique. Le phénicien est un dérivé de l'écriture épistolographique égyptienne, qui était alphabétique.

Archimède peut être considéré comme le plus grand savant grec, et même de l'ère moderne. Archimède a écrit plusieurs traités. Le génie d'Archimède en mécanique et en mathématique fait de lui un personnage exceptionnel de la Grèce antique. Il aurait inventé les machines qui ont permis l'industrialisation de l'Europe. Né à Syracuse en 287 av. J.-C, Archimède, à la suite de l'astronome Phidias, Archimède a fait sa formation en Égypte. La vis d'Archimède, parfois appelée vis sans fin, est un système qu'il aurait mis au point lors d'un voyage en Égypte. Il permettait aux habitants des rivages du Nil d'irriguer leurs terrains. Le principe de la vis d'Archimède consiste en un tube incliné équipé de pales hélicoïdales qui, en tournant, amènent un liquide à un niveau plus élevé. C'est un système de pompage toujours utilisé dans l'industrie, actuellement.

> « Que des Noirs aient pu faire œuvre de civilisation il y a deux mille huit cents ans parut inconcevable à bien des historiens, sauf à Ivan van Sertima, un anthropologue guyanais à l'université de Rutgers. Depuis des années, il accumule les faits, indices et témoignages à l'appui et tous les documents semblent bien lui donner raison, ce serait bel et bien les Noirs qui auraient découvert l'Amérique, des Noirs venus de Nubie, du bassin du Nil entre Assouan en Égypte et Khartoum au Soudan ».

Pour étayer ses arguments, Sertima s'appuie entre autres sur les faits suivants : d'abord, des têtes de Nègres de plusieurs tonnes ont été sculptées durant l'antiquité en Amérique du Sud et y étaient vénérées par les peuples locaux, exemple : les Olmèques. Ensuite, les datations effectuées sur les objets trouvés montrent leurs âges millénaires. Aussi les rituels religieux d'Amérique du Sud révèlent de nombreuses similitudes avec ceux de l'Égypte antique, exemple : le rituel d'ouverture de la bouche pour la momification du défunt.

Les témoignages même des historiens indiens sont formels sur cette présence africaine en terre américaine. Et ce ne sont pas les seules preuves de cette présence africaine en Amérique.

Le professeur René-Louis Parfait ETILE de l'Institut Africamaat ajoute que :

> Le site de Pedra Furada au Brésil, semble battre tous les records. En effet, des charbons ont été trouvés dans un foyer. Les échantillons ont été analysés aux États-Unis et en France (datation au carbone 14). Les analyses ont permis d'établir la datation à 50 000 BP. Un vrai record ! À cette époque, seulement les Noirs peuplaient la terre. (À titre comparatif, Lascaux, en France, c'est 17 000 BP.) Sans commentaire ![90]

Philologue à l'université de Havard, Léo Wiener, consacra en 1920, une étude sur ce sujet qui confirma la thèse de Mendoza et de Balboa. Chose intéressante, il constata même une forte influence africaine dans les langues amérindiennes[91] :

> « Quand nous nous référons aux appellations de la patate douce et du yam en Amérique, nous ne trouvons que des formes africaines. Là-bas, comme ici, les deux sont confondus et tout spécialement ces noms ont survécu, comme le précisait déjà en 1494 le docteur Chanca, compagnon de Christophe Colomb. Il appela la plante ainsi décrite qui ne pouvait être que la patate douce, à la fois nabi et yam ».

Au Sénégal justement, en wolof, la patate douce se dit Nyambi. La parenté phonétique, comme le souligne le professeur Mazel, est nette. Yam est bien la simplification de Nyambi. Aux Antilles, nous désignons certains tubercules du nom de Zyam.

« Exceptionnellement, des campagnes de prospections systématiques et de fouilles furent organisées dans les zones sahéliennes de l'Afrique équatoriale française (AEF), au sud du Tchad et dans le Nord-Cameroun. Marcel Griaule (1898-1956), l'initiateur du projet de recherche archéologique Sao, raconte dans son ouvrage *Les Saô légendaires,* le récit épique de ses voyages sur les rives du Chari, « au-delà des sables et des mers », à la découverte d'une « civilisation » éteinte d'Afrique que lui révèle « un mystérieux homme en veston noir » (Griaule 1943). Théodore Monod (1902-2000), le fondateur de l'Institut français d'Afrique noire (IFAN) siégeant au Sénégal, était convaincu, sans en apporter véritablement la preuve matérielle, de l'existence d'une

---

[90] Historia N° 654 juin 2001, Quand l'ADN bouscule l'histoire

[91] Léo Wiener, L'Afrique et la découverte de l'Amérique. Deux autres volumes suivirent en 1922

civilisation unique de la Guinée à l'Égypte : […] Il voulait m'allécher, il me tendait ces ossements lointains comme des appâts. Il faisait surgir des civilisations éteintes et fourmiller les problèmes. (Griaule 1943 : 169) »

La noirceur du teint des Égyptiens était évidente. L'héritier de la sagesse égyptienne, Pline l'Ancien, avait noté que les femmes égyptiennes employaient le carbonate de plomb « pour se blanchir le teint ».[92]

L'archéologie ne pouvait proclamer ainsi la suprématie universelle d'une civilisation négro-africaine en démontrant la filiation des cultures africaines avec la culture égyptienne ancienne. Les pyramides que nous connaissons aujourd'hui sont classées parmi les sept merveilles du monde ! La pyramide de Khéops a été scrutée et mesurée jusque dans ses moindres détails par des scientifiques issus de différents domaines, et ce, depuis le début du XIXème siècle. De ces mesures ont découlé de nombreuses théories imputant aux anciens Égyptiens la volonté d'inscrire des propriétés mathématiques dans les proportions de l'édifice.

Mais est-ce que les savants ont résolu l'énigme de leur construction ? Il y en a qui croient qu'elles avaient été construites par des djinns ? Peut-on y croire ? Ces mythes étaient pourtant répandus et ont duré plusieurs siècles. Mais la nouvelle découverte faite par des savants français et américains va lever cette énigme à jamais et changer complètement le point de vue des savants modernes.

En montrant au moins trois occupations successives caractérisées par des sols d'habitation, la présence d'ocre, des foyers et du matériel lithique, ainsi que de nombreuses pointes en fer, l'ensemble de ces découvertes a apporté les preuves d'une occupation continue du domaine de la forêt équatoriale au moins à partir du début de l'hominisation, et a définitivement démenti les théories avancées par « l'archéologie coloniale. »[93]

Mais le plus décisif, est que Christophe Colomb a lui-même décrit ces communautés africaines vivant en Amérique. Elles venaient selon lui, de Guinée. Ces Africains étaient, d'après lui, des commerçants spécialisés dans le travail de l'or appelé Guanin à l'époque et dont la composition,

---

[92] Hervé Morin www.lemonde.fr

[93] Germain Loumpet, *L'archéologie comme science coloniale en Afrique centrale équatoriale : La construction d'un espace-temps anthropologique pour la lecture du passé*

le nom et les caractéristiques rappelaient l'or que l'on trouvait en Afrique, au Sénégal par exemple *(or brut non raffiné, souvent mélangé avec du cuivre et dont le titre est d'environ 4 carats de métal précieux).*

Les voyages d'Henri le Navigateur et Christophe Colomb au 15e siècle montrent cependant qu'il existait déjà une Afrique riche, organisée et structurée. Ainsi, les peuples d'Afrique se sont développés de façon analogue aux Africains de la Vallée du Nil. Ce sont les mêmes gens qui ont migré et peuplé l'Afrique subsaharienne[94]. Ils avaient une histoire réelle et une histoire bourrée de savoirs qui leur a permis de bâtir des empires, bien structurés, politiquement, économiquement, socialement, culturellement et religieusement. L'Ancienne Égypte fut une grande civilisation mondiale, puisant ses sources dans le Croissant fertile, et plus particulièrement dans la Vallée du Nil vers le 3e millénaire av. J.-C.. Elle atteint le sommet de sa force pendant le Nouvel Empire égyptien (établi de -1510 à -1070 sous le règne des pharaons tels que Thoutmôsis III et Ramsès II. Elle s'est étendue à cette époque jusqu'à la Nubie au sud et en partie au Proche-Orient à l'est. L'Égypte ancienne est un admirable exemple de population qui utilisa à son ère le soft power aux fins de devenir une grande puissance. Elle utilise des écritures et entreprend des monuments gigantesques, à l'image des Pyramides de Gizeh. Les civilisations aux alentours finirent par développer leur puissance militaire au point de traverser les frontières naturelles de l'Égypte.

Le Royaume de Koush utilisait des arsenaux en métal. Il a été en -1070 non seulement un pays indépendant, mais également un rival pour l'Égypte antique.

## Le savoir-faire de l'Égypte antique n'est qu'une partie de l'héritage de civilisations africaines antérieures, beaucoup plus développées

Les préjugés ont infesté l'histoire de l'homme. Il y aurait 70 000 ans, l'intelligence apparut, pour des raisons que les théoriciens ne cernent pas

---

94 Voir les œuvres de Cheikh Anta Diop. Cheikh Anta Diop a rassemblé les résultats de ses travaux dans le dernier ouvrage qu'il ait publié avant son décès, intitulé *Civilisation ou barbarie, anthropologie sans complaisance,* Présence africaine, Paris, 1981.

très bien. Cette évolution aurait donné naissance au langage, à la communication entre individus, à la création des mythes et la coopération. La période allant de -70 000 à -30 000 aurait vu l'invention du bateau, des lampes à huile, des arcs, des aiguilles, et de l'art... Les tenants de la théorie ne disent cependant pas quel événement est à l'origine de cette soudaine évolution.

Or l'Homme n'a pas plus évolué aujourd'hui que les civilisations disparues en matière de construction d'édifices, de maîtrise de la pierre, d'aménagement urbain, d'art, d'artisanat, d'orfèvrerie, de sciences géométriques, de diverses techniques, etc. Certaines réalisations gigantesques sur terre, sous terre, à l'intérieur des montagnes, sous l'eau, sur les dunes de sable, à partir du ciel, etc. constituent encore des énigmes pour l'homme « moderne » au vu des moyens et savoir-faire actuels.

Les pyramides égyptiennes datant de plusieurs milliers d'années ne finissent pas d'étonner la science et de soulever des questions. On leur trouve un équilibre parfait, même avec le Cosmos, et on peut y faire des constats impressionnants, explicitant l'utilisation du nombre d'or dans leur construction et des sciences mathématiques et astrophysiques.

Les Égyptiens ont toujours considéré leur première dynastie comme la grande période d'où toutes leurs connaissances leur étaient venues. L'histoire de l'Égypte représente peut-être l'énigme la plus insoluble de l'histoire de l'humanité. La civilisation égyptienne semble être la première grande « civilisation », sans aucun précédent. Bien au contraire, l'histoire égyptienne s'apparente plus à une lente décadence par rapport à leurs ancêtres. Les Égyptiens eux-mêmes ont toujours regardé en arrière et considéré des dynasties antérieures comme de grandes périodes d'où toutes leurs connaissances leur étaient venues.

Même si les scientifiques travaillent durs, ils ne connaissent peu du passé dit protohistorique. De l'Amérique du Sud à l'Indonésie, il y a des découvertes qui dépassent les savoir-faire actuels et certainement d'autres surprises restent encore à venir.

Les Égyptiens tenaient eux-mêmes cette écriture des Atlantes. Quant aux Mayas, ils tenaient leur alphabet, disaient-ils, des Colhnas, civilisation qui s'était éteinte 1 000 ans avant J.-C. Et ces Colhnas prétendaient venir du pays d'Atlan. Donc, là encore, l'Atlantide peut seule expliquer la parenté entre l'alphabet maya et l'alphabet phénicien. Les signes mayas sont hiéroglyphes en ce sens qu'ils représentent un objet et se manifestent par une décoration embrouillée et excessive. Les signes phéniciens ne sont en somme que ces hiéroglyphes, simplifiés par l'usage et l'évolution. Leur intermédiaire est l'écriture égyptienne, plus simple que le maya mais plus ornée que le phénicien. « Donc on peut établir scientifiquement qu'une réelle parenté existe entre les langues et les alphabets des peuples rouges de l'ancien et du nouveau continent. Ces peuples ont donc eu forcément des relations sur une terre commune. D'où la nécessité de l'Atlantide. » [95]

L'un des meilleurs livres de « Développement personnel » (qui devient discipline récente) est écrit il y a près de 4500 ans (environ -2400) par Ptahhotep, Vizir de Pharaon dans l'Égypte antique. Le concept de Maât renvoie à la fois à l'harmonie, la rectitude, l'ordre, de l'équilibre, la justesse, etc. Le concept est l'antithèse de l'isfet (le chaos, l'injustice, le désordre social, la corruption, la violence, la malveillance…).

Ce texte qui visait à former les futurs dignitaires égyptiens, traitait de l'humilité, de l'art du débat, de la vanité, de justice, de l'avidité, de se départir des préjugés dans la recherche du savoir (refus de la rumeur), du bon usage de la parole, de l'indulgence, de la nécessité de la bienveillance, de l'écoute, de l'entendement…

Nous avons aussi un autre ouvrage de Développement personnel de la même époque (-2500) dans d'autres contrées du monde. Les *Instructions de Shuruppak* sont un texte de la littérature sapientiale mésopotamienne 1, rédigé en sumérien, contenant une liste de conseils de sagesse. Ce livre de Shuruppak se présente comme un enseignement, des imprécations visant à conseiller un fils pour le bien-être du royaume, de sa famille et de lui-même.

## Des réalisations étonnantes que la science moderne n'arrive pas à réaliser

Jusque-là, les Égyptologues modernes croyaient que les Pharaons avaient taillé des pierres et les avaient empilées pour bâtir ces énormes édifices. Mais des questions pertinentes restaient sans réponse : pourquoi toutes ces pierres sont-elles identiques et si bien assemblées que l'on ne peut même pas glisser un cheveu entre deux pierres voisines ? D'où provenaient les matériaux qui ont servi à leur confection ? Quels sont les

[95] Maurice Glomeau, Michel Manzi, préface de Francis de Miomandre, *Le Livre de l'Atlantide*, 1922 (pp. 17-43).

outils utilisés pour les tailler avec une telle finesse ? Aucune de ces questions n'avait trouvé une réponse satisfaisante ; et ceci nous permet d'affirmer que les savants qui soutenaient que ces blocs avaient été taillés dans le rocher étaient dans l'erreur.

Le Professeur Joseph Davidovits, Directeur de l'institut Géo polymère France, propose une nouvelle théorie qui soutient que les blocs composant les pyramides auraient été fabriqués à partir de l'argile. Celle-ci, additionnée à d'autres matériaux aurait été extraite dans la vallée du Nil. Le mélange aurait été placé dans des moules en pierre, et aurait été chauffé à une température élevée. Cette cuisson aurait causé une interaction entre les composts du mélange. Les blocs ainsi fabriqués ressemblent à des pierres volcaniques datant de quelques millions d'années.

Le Professeur fournit des arguments prouvant que ces agglomérés sont essentiellement composés de chaux, d'argile et d'eau. La technique Nano utilisée pour l'analyse des composantes a révélé la présence de quantités d'eau qu'on ne trouve jamais dans les pierres naturelles. D'autre part, la cohésion interne de ces pierres prouve qu'elles ne sont pas naturelles et qu'elles ne peuvent pas avoir été extraites du sol et taillées de la sorte. Il semble donc plus réaliste d'admettre qu'elles auraient été faites d'argile moulée, ce qui leur a donné une forme régulière et des dimensions identiques.

Les examens au microscope électronique ont révélé la présence de cristaux de quartz comme conséquence de la cuisson de l'argile ; on a détecté également la présence du bioxyde de silicone. Ceci démontre encore une fois que les pierres des pyramides ne sont pas naturelles. Elles seraient plutôt le résultat d'une réaction chimique entre l'argile, la chaux et l'eau à haute température. Le Professeur Davidovits a publié en 2002 un ouvrage titré : « Ils ont bâti les pyramides ». Ce livre montre les multiples énigmes et questions concernant la construction des pyramides.

D'autres examens aux rayons X ont révélé la présence de bulles d'air dans les échantillons, ces bulles pouvaient provenir de l'air lors de la coulée de l'argile ou de l'évaporation de l'eau contenue dans le mortier au moment de la cuisson. De telles bulles n'existent pas dans les pierres naturelles courantes. Ceci est un argument supplémentaire pour dire que les pierres qui avaient servi à la construction des pyramides étaient artificielles ; elles avaient été fabriquées avec de l'argile calcique, et elles ne pouvaient avoir plus de 4700 années d'existence.

Le professeur italien Mario Collepardi, qui a étudié la géométrie des pyramides, affirme que les ouvriers des Pharaons ramenaient de la terre calcique, disponible en grande quantité dans la région, et la mélangeaient avec une terre banale ; ils malaxaient le tout avec l'eau du Nil. Ensuite, ils versaient le mortier dans un moule qu'ils chauffaient à environ 900 °C. Cette cuisson transformait l'argile en une pierre très dure et lui donnant l'aspect d'une pierre naturelle.

Cette opération ne demandait pas trop d'effort, puisque les ouvriers ne portaient ni ne soulevaient aucun rocher lourd comme on le croyait au cours des dernières décennies. Tout ce qu'ils faisaient c'était de confectionner des moules, de transporter les matériaux et l'eau dans de petits récipients, de malaxer le mortier et de remplir les moules montés sur chantier. Ce qui les attardait le plus, c'était la cuisson. Ils devaient attendre la bonne prise de l'aggloméré. Grâce à ce procédé, ils s'assuraient qu'il n'y avait pas de vide entre les blocs. Ils assuraient également à l'édifice une résistance à l'érosion pendant des millénaires. La technique était une grande énigme.

L'art médical, dans l'Égypte ancienne, faisait déjà l'objet d'une codification surprenante. En témoigne le papyrus Ebers, trouvé en 1862 à Louxor. Long de 20 mètres sur 30 centimètres de large, il rassemble en 877 paragraphes la connaissance déjà accumulée entre les XVIIe et XIVe siècles avant l'ère chrétienne (selon les datations). Ainsi, de l'ophtalmologie : « Autre (remède), pour chasser l'exsudat-khent qui est dans les yeux : galène : 1/32 ; suc de baumi r : 1/16 ; calamine : 1/16 ; ocre rouge (tjerou) : 1/64 ; minéral-sia du Sud : 1/64. (Ce) sera broyé finement, préparé en masse homogène et placé dans les yeux jusqu'à ce qu'ils guérissent parfaitement. »[96]

Toute la difficulté, pour les chercheurs qui souhaiteraient vérifier l'efficacité de ces remèdes - et s'en inspirer, comme certains le font à travers l'ethnopharmacologie -, est de déterminer la nature exacte des multiples ingrédients cités dans ces manuscrits. La chimie moderne peut les y aider, comme le prouve une aventure scientifique de longue haleine, conduite par des équipes françaises, et qui vient de trouver son épilogue dans la revue Analytical Chemistry de janvier. Elle aboutit à la conclusion que le plomb qui entrait dans la composition des khôls, loin de menacer la santé des Egyptiens - comme le laisserait supposer la

---

[96] Traduction de Thierry Bardinet, 1995

toxicologie moderne -, leur assurait au contraire une protection contre les infections oculaires.

« Nous sommes partis des flacons » : il y a dix ans, Philippe Walter (Centre de recherche et de restauration des musées de France-CNRS) et ses collègues avaient analysé les résidus trouvés dans des dizaines de « trousses à maquillage » tirées des collections égyptiennes du Musée du Louvre. Ils avaient montré que quatre composés à base de plomb entraient dans la composition de ces khôls : la galène, qui assure les tons noirs et le brillant, ainsi que trois matières blanches, la cérusite, la phosgénite et la laurionite. La présence de ces deux derniers composés constituait une surprise, car ils n'existent pas à l'état naturel.

En revanche, des auteurs comme le Romain Pline l'Ancien (23-79 après J.-C.) ou le Grec Dioscoride (40-90 après J.-C.) indiquent qu'ils étaient synthétisés intentionnellement pour leur propriété médicale, rappelle Philippe Walter. « Certains écrasent une livre de sel avec une quantité égale d'écume d'argent (oxyde de plomb ou litharge), sous le soleil, avec de l'eau continuellement décantée, jusqu'à ce qu'elle devienne blanche », précisait même ce dernier dans son *De materia medica*. Durée des opérations : quarante jours...

Philippe Walter et sa collègue Pauline Martinetto ont suivi la recette et ont bien abouti à la production de laurionite. Avec un mélange de sel et de natron, un carbonate de sodium aussi utilisé dans la momification, on obtient la phosgénite. Mais que l'on s'écarte un tant soit peu du taux d'acidité voulu, et de tous autres composés dériveront de cette « chimie douce », à base de solutions non chauffées (Le Monde du 7 février 1999).

Les Egyptiens, lorsqu'ils cernaient leurs paupières de ces fards sombres, si complexes à formuler et à obtenir, faisaient-ils seulement preuve de coquetterie ? Ou cherchaient-ils par là à se protéger des multiples infections microbiennes qui les menaçaient, dans un environnement de marais gonflés par les respirations du Nil ?

« Il faut noter que l'ensemble de la population, hommes, femmes et enfants, de toutes classes sociales, employaient ces cosmétiques », rappelle Philippe Walter. Et deux millénaires plus tard, les Romains avaient, semble-t-il, retenu la leçon, indique le chercheur : « On s'en sert pour les collyres, et en pommade pour faire disparaître chez les femmes les cicatrices disgracieuses et les taches de la peau, et pour se laver les cheveux », écrivait ainsi Pline l'Ancien dans son Histoire naturelle.

Pour tester les vertus prophylactiques des composés de plomb, les chercheurs du Louvre se sont associés aux chimistes de l'équipe de

Christian Amatore (ENS, CNRS, université Pierre-et-Marie-Curie). « Quand Philippe Walter m'a parlé de cet aspect médical, j'ai pensé que les ions plomb ressemblaient à ceux du calcium, et qu'ils pouvaient induire une confusion biochimique vis-à-vis des cellules », raconte celui-ci. Les ions calcium sont eux-mêmes impliqués dans l'activation des défenses immunitaires. Se pouvait-il que le plomb du khôl joue le même rôle ?

Pour valider cette hypothèse, Issa Tapsoba, de l'équipe de Christian Amatore, a utilisé une « synapse artificielle », capable de flairer les moindres composés émis par une cellule soumise à un stimulus (lire ci-dessous). En l'occurrence, il a testé la réponse de dizaines de kératinocytes, des cellules de peau humaine, à des bouffées de diverses concentrations de laurionite. « Ces cellules étaient effectivement stimulées et émettaient jusqu'à 2,5 fois plus de monoxyde d'azote », résume Christian Amatore. Or le monoxyde d'azote est un composé qui induit la dilatation des capillaires, ce qui aide les macrophages, ces cellules tueuses de microbes, à accéder au lieu d'infection éventuel.

« Cela confirme le rôle protecteur de ce maquillage, qui n'était pas disposé sur les cils, mais sur l'épaisseur même de la bordure de la paupière. Si bien qu'à chaque fois que l'on fermait l'œil, celui-ci était balayé par l'onguent », explique Christian Amatore. Selon lui, il faut imaginer les Égyptiens avec les yeux injectés de sang, le système immunitaire non spécifique sans arrêt en éveil : « S'il y avait en permanence des "patrouilleurs" macrophages dans l'œil, les bactéries n'avaient aucune chance », avance-t-il. Resterait, pour parfaire la démonstration, à tester in vivo l'efficacité de la recette égyptienne en présence de bactéries. « Sur le plan éthique, ce serait irrecevable », rappelle Christian Amatore.

Faut-il supposer que les Egyptiens avaient conscience du mécanisme en jeu ? Christian Amatore n'ose y croire : « Pas plus que les peuples qui se soignaient avec de l'écorce de saule ne savaient qu'ils ingéraient en fait de l'aspirine ». Pour autant, il faut bien envisager que l'usage d'une chimie synthétique élaborée à des fins médicales n'a pas été fortuit. « Ont-ils fait des expériences ? s'interroge Philippe Walter. Nous ne le saurons jamais. » Etaient-ils conscients qu'en utilisant le plomb de façon moins parcimonieuse, ils se seraient exposés à d'autres maladies, comme c'est le cas de certains enfants d'aujourd'hui, quand ils ingèrent le surma (un khôl indien) qui a coulé sur leurs mains ? C'est probable.

On a trouvé depuis très longtemps en Amérique du Sud des vestiges archéologiques qui confirment l'expansion de l'Afrique en Amérique du Sud.

De plus, les témoignages des chercheurs sud-américains même confirment cette donnée. Les spécialistes sud-américains, afro-caribéens, africains et africains-américains, tels Runoko Rashidi ou Yvan Van Sertima, ont fait des travaux sur cette question. Des chercheurs occidentaux qui ont analysé en toute objectivité, les vestiges archéologiques, tels Léo Wiener, Jean Mazel ou encore Walter Neves ont officiellement approuvé la thèse de l'expansion africaine. Déjà en 1871, un savant américain du nom de John D. Baldwin affirmait qu'il n'est pas « *difficile de penser que des groupes de Phéniciens ou d'Ethiopiens qui étaient établis tout autour de la Méditerranée et même au-delà du détroit de Gibraltar, aient pu avoir des liens avec l'Amérique, avant même que Tyr et Sidon ne soient construites* »[97].

Les mœurs et les coutumes des Indigènes de l'Amérique offrent une similitude interpellative avec celles des Égyptiens et des agglomérats qui s'y relient. Au sujet des croyances, chez les Indigènes de l'Amérique comme en Égypte, il y avait une même identité sur des phénomènes étonnants : même adoration d'un disque d'or représentant le Soleil, même croyance en l'immortalité de l'âme, mêmes fêtes religieuses, mêmes cérémonies du culte sidéral, l'embaumement des morts. Le procédé d'embaumement que les premiers habitants du Pérou, il y a des millénaires, employaient était le même que celui des Égyptiens. Incisions identiques, précautions identiques ; une lame d'argent dans la bouche des momies égyptiennes, une lame d'argent dans la bouche des momies péruviennes. Mêmes cultes religieux, des deux côtés de l'océan : le baptême, la confession, l'absolution, le carême, l'union, la communion sous les deux espèces et avec des hosties qui étaient des pains marqués du sceau sacré la bénédiction avec la croix, l'adoration de la croix considérée comme symbole de la vie éternelle, la pénitence, la crémation, des vierges pures enterrées vivantes ! Les Chippewayames connaissaient l'histoire de Tantale, la légende d'Atlas, les Méduses aux cheveux de serpents, l'histoire de Deucalion ; et chez les Mexicains, Jupiter et son tonnerre étaient adorés ! Bref, on peut dire que la religion péruvienne est identique à la religion égyptienne, comme métaphysique et comme rites. Est-ce pur hasard ?

---

[97] Cf. John D. Baldwin, L'Amérique ancienne : Notes sur l'archéologie américaine

« Il y a une ressemblance étrange entre les noms de lieux et de personnages à Haïti et aux Canaries, au Pérou et en Égypte, au Mexique et en Grèce. Ainsi, le mot Maya est un mot qui se retrouve à chaque pas en Grèce, en Égypte, dans l'Inde. Il a donné Marie, Miriame, Marianne, etc. La coiffure égyptienne appelée Calantica se retrouve sur des statues du Mexique. Elle est cependant spéciale et caractéristique. Quant aux monuments égyptiens, ils ressemblent singulièrement aux monuments péruviens. Mêmes conceptions architecturales, même esthétique, mêmes procédés de construction et, ce qui est plus bizarre, même orientation des monuments religieux et même disposition des chambres intérieures et des galeries. Les pyramides d'Égypte sont identiques à celles du Pérou. Chez les deux peuples, elles sont un gnomon et expriment le symbole du quatre dans l'un. Les Mound builders de la vallée de l'Ohio sont des pyramides ayant des proportions analogues à celles d'Égypte. Celle de Cahokia a 97 pieds de hauteur. Il y a aussi une grande similitude entre les ruines de Teotihuacan et celles de Karnak. Les deux peuples ont construit des tumuli, des cairns, des cryptes, des aqueducs, des arches et ont employé le ciment, la brique. Les portiques de Kabah ressemblent à une construction romaine primitive. Quant aux sculptures, aux décorations murales, aux ornementations, elles sont de même étroitement parentes et certaines céramiques de Mexico seraient prises pour des céramiques égyptiennes. Est-ce pur hasard ? »[98]

Comme le remarque Maurice Glomeau, pourquoi ce parti pris des naturels américains de se servir, comme motif d'ornementation, de l'éléphant, qui a disparu de l'Amérique à la fin du Tertiaire et qui d'ailleurs n'y a existé que comme mammouth, lequel diffère sensiblement de l'éléphant ? Car les décorations péruviennes emploient l'éléphant qu'ils ne pouvaient pas connaître et non le mammouth. On trouve en effet au Pérou des pipes en forme de tête d'éléphant, des vases, des sculptures représentant cet animal et une ornementation basée sur des trompes d'éléphants entrelacées ?

La découverte de vestiges archéologiques africains datant de plus de 12 000 ans av. J.-C. en Amérique du Sud (Brésil) montre que le premier chemin emprunté ne fut donc pas le détroit de Béring. En fait dès 1900, la présence de Noirs en Amérique ne pouvait plus être perçue comme une

[98] Maurice Glomeau, *Le Livre de l'Atlantide* , op cit.

plaisanterie. Mais naturellement en Europe, en raison de l'idéologie coloniale, il y avait de forts mouvements de réticence.

# CHAPITRE 25

## LES NIVEAUX D'INTELLIGENCE ET DE RICHESSES DES PEUPLES ANCIENS SURPASSENT CEUX DES PEUPLES ACTUELS

Le Paléolithique est un terme à connotation chronologique, créé par John Lubbock en 1865, sur le thème de l'évolutionnisme ; il désigne l'époque de la Préhistoire durant laquelle l'Homme était encore partout un chasseur-cueilleur.

La brève histoire de l'humanité serait jalonnée de trois grandes révolutions selon par exemple l'ouvrage majeur du professeur d'histoire de l'université hébraïque de Jérusalem, Yuval Noah Harari[99]. Trois évolutions infléchirent de façon décisive le cours de l'histoire de l'Homo sapiens : l'évolution cognitive, l'évolution agricole et l'évolution scientifique.

Pour l'évolution agricole, l'homme aurait inventé l'agriculture il y a 11 000 ans, après s'être sédentarisé mille ans plus tôt, c'est-à-dire il y a 12 000 ans. L'évolution scientifique aurait commencé autour de l'an 1500 de notre ère et le progrès s'accélèrerait de façon exponentielle il y a 500 ans. Un tel postulat d'un passé primitif de l'homme est erroné.

[99] Sapiens, *une brève histoire de l'humanité* – Yuval Noah Harari PAR LES EDITIONS DESCHAVONNES Septembre 2016

L'évolutionnisme a entraîné beaucoup de préjugés sur le passé de l'homme. Il a fait croire que l'homme devient de plus en plus intelligent, de plus en plus créatif, de plus en plus puissant, de plus en plus riche. L'évolution scientifique aurait commencé autour de l'an 1500 de notre ère et le progrès s'accélèrerait de façon exponentielle il y a 500 ans selon l'historien Yuval Noah Harari[100]. « L'innovation s'est encore accélérée pour mener au monde hypertechnologique d'aujourd'hui. » Cependant, les découvertes de plus en plus extraordinaires et les énigmes résolues montrent une infériorité de l'homme autant qu'on peut remonter sa présence sur terre.

## L'intelligence humaine n'a pas évolué.

Les préjugés, nés de l'évolutionnisme, laissent croire que l'intelligence humaine a évolué, et même ne cesse d'évoluer. « Quant à notre intelligence, nous n'avons cessé de gagner des points de Q.I ».[101]

Ces préjugés laissent croire que l'architecture et les diverses techniques de construction ont évolué. Dans le domaine de la construction, de l'ingénierie, l'homme actuel n'arrive pas à égaler le génie de ceux supposés appartenir à la préhistoire.

Durant les 1600 dernières années, la merveille rustless appelée le pilier de fer de l'Inde, près de la Qutub Minar à Mehrauli à Delhi, continue à dérouter les scientifiques contemporains, qui ne peuvent pas déterminer le procédé de fabrication, ce qui a empêché le fer de la rouille de ces 16 derniers siècles. Le pilier de fer est 7,21 mètres de haut, avec 93 cm enterrés au-dessous du niveau du sol actuel, et a un diamètre de 41 cm- **Le pilier de fer qui ne rouille pas.**

T. Simharajan nous parle de ce bloc forgé à la main de fer du passé de l'Inde qui continue de ne pas rouiller, même 16 siècles après sa décision.

Le pilier, constitué de près de sept tonnes de 98 pour cent en fer forgé de qualité pure, est 7.21m (23 pieds 8 pouces) de haut, avec 93 cm

---

[100] Yuval Noah Harari, Sapiens, *une brève histoire de l'humanité* –Par Les Editions Deschavonnes.com Septembre 2016

[101] https://www.science-et-vie.com/questions-reponses/evolution-de-l-homme-a-quoi-peut-on-s-attendre-10993

enterrés au-dessous du niveau du sol actuel, et a un diamètre de 41 cm (16 pouces).

L'existence de ce pilier, si ancienne sans aucune trace de rouille, a excité la curiosité du monde scientifique et de nombreuses tentatives ont été faites pour trouver sa composition. En 1961, le pilier a été creusé pour le traitement chimique. Les analyses chimiques ont alors indiqué que le pilier était étonnamment pur ou faiblement en carbone par rapport au fer commercial moderne.

Le glorieux passé romain de la capitale italienne est loin d'avoir révélé tous ses secrets. Des scientifiques de tous bords se penchent depuis de nombreuses années sur la qualité des matériaux utilisés, afin d'améliorer les techniques de construction modernes.

De très grandes civilisations, disparues depuis des millénaires, étaient au sommet de ce que la modernité peut faire prévaloir comme réalisation de l'homme. La construction des grands édifices, même « ultra modernes », n'est pas l'apanage des temps présents. Depuis des temps anciens, de grands édifices « modernes », encore plus impressionnants que ceux des plus récents sont construits. Le stade omnisport et multifonctionnel du Colisée, inauguré en 80 apr. J.-C, rivalise avec celui des temps présents. Il est de plan ovoïde (courbe polycentrique très proche d'une ellipse) de 189 m de long et 156 m de largeur, avec une superficie de 2,4 ha. La hauteur extérieure est de 48 m. Pouvant accueillir 50 000 spectateurs, le Colisée a été utilisé pour les spectacles publics. Il est resté plus multifonctionnel que les stades modernes et n'a rien à envier aux stades modernes les plus complexes.

Le Panthéon, les marchés de Trajan, le Colisée... Ces vestiges sont témoins d'un passé antique. L'incroyable longévité de ces bâtiments – près de deux millénaires ! – reste encore bien inaccessible pour la science moderne, poussant les scientifiques de tous bords à se pencher sur les techniques de construction et sur la qualité des matériaux utilisés.

Une équipe de chercheurs internationaux et interdisciplinaires, réunis sous l'égide du Laboratoire National Lawrence Berkeley (le « Berkeley Lab », rattaché au département américain de l'Énergie) aurait toutefois réussi à lever un pan du mystère. L'étude d'un échantillon du fameux mortier antique, combinant chaux et cendres volcaniques, à travers le prisme du synchrotron de l'ALS (Advanced Light Source), aurait révélé que la présence d'hydroxydes cristallins protégerait efficacement contre l'apparition des microfissures, et limiterait la propagation de celles-ci.

## Cristaux de stratlingite lamellaire

La résistance du mortier aux microfissures serait en partie due à la cristallisation d'un minerai combinant des matériaux aluminosilicates et du calcium, le stratlingite lamellaire (équivalent du clinker, composant essentiel du ciment), renforçant aussi bien le matériau aux zones de contact que la matrice du ciment elle-même. Cette cohésion et cette résistance au long cours permettent au ciment de conserver un peu de son élasticité, un élément essentiel pour maintenir l'intégrité structurelle d'une construction dans un environnement à forte activité sismique.

Les matériaux utilisés par les Romains intéressent au plus haut point les scientifiques non seulement en raison de leur grande résistance et de leur durabilité, mais également pour des raisons énergétiques et environnementales. Le béton standard utilise le plus souvent comme liant du ciment Portland, un ciment composé principalement de silicates de calcium hydrauliques, nécessitant pour sa fabrication de passer par une étape de cuisson à 1450 degrés, un processus à la fois très gourmand en énergie et très polluant – importante source de gaz à effet de serre, la fabrication du ciment serait à l'origine de plus de 7 % des émissions totales de CO2 à l'échelle de la planète. Le ciment romain était lui bien moins énergivore, se contentant de chaux, de cendres volcaniques, d'eau et d'une cuisson à une température bien moindre, réduisant ainsi drastiquement l'impact environnemental. L'équipe scientifique aurait tenté à plusieurs reprises de reproduire un ciment équivalent, et il semblerait que certaines de ces tentatives aient été plus que probantes.

## Cure interne du béton impressionnante du passé

Les vestiges de la Rome Antique (avec en premier lieu le Panthéon et sa coupole, 43 mètres de diamètre, la plus grande coupole de béton non-armé jamais construite au monde) mobilisent les chercheurs. D'autres ont auparavant essayé de percer les secrets de cette longévité. Un rapport du NIST (National Institute of Standards and Technology) avait déjà mis en avant les qualités du béton utilisé par les illustres ancêtres. Selon ce rapport, le secret de cette longévité et de cette résistance tiendrait dans l'utilisation par les ingénieurs de l'époque d'un béton très léger qui aurait pris et se serait durci de l'intérieur. Ce béton, issu d'un procédé dénommé

« cure interne du béton » (maintenir au contact du béton frais une humidité favorable à l'hydratation du ciment), donnerait de meilleurs résultats en termes de force, de résistance aux fissures et de durabilité.

Les qualités de ce béton proviendraient du remplacement d'une partie du sable et des pierres grossières habituellement mélangés au ciment pour élaborer le béton traditionnel, par de légers matériaux absorbants et pré-humidifiés, dispensant leur eau plus lentement et permettant la prise lente et interne. Bien que ce procédé coûte 10 à 12 % plus cher, il est rapidement amorti par sa longévité et ses frais d'entretien revus à la baisse – cette technique permettrait, selon le même rapport, de tripler la durée de vie d'un tablier de pont.

La civilisation Maya a mis au point la recette de fabrication d'un bleu unique, se rapprochant du bleu turquoise de la mer des Caraïbes, bleu maya, impossible à reconstruire même avec les techniques actuelles.

## Les générations anciennes étaient d'excellents mathématiciens

Autant dans la Genèse que dans le texte sumérien datant de 4000 ans, intitulé la liste de rois sumériens – qui énumère le règne de certains rois sumériens (au sud de l'Iraq ancien) dont la durée aurait excédé 30 000 ans dans quelques cas – des analyses auraient révélé l'usage de nombres carrés.

Comme le révèle Christine Proust :

> « Ces textes d'érudition abordaient des problèmes du second degré et parfois même du troisième et du quatrième degré, des problèmes linéaires ou quadratiques à plusieurs inconnues, des calculs de volume, des algorithmes numériques complexes. (...) À Nippur, les scribes apprennent les listes métrologiques (énumération de mesures de capacités, poids, surfaces, longueurs), les tables métrologiques (énumération de mesures métrologiques avec conversion en nombre sexagésimal positionnel), les tables numériques (inverses, multiplications, carrés) et enfin les tables de racines (carrées et cubiques). (...). L'analyse des tablettes scolaires mathématiques montre comment le calcul mésopotamien s'est développé de façon autonome, hors de tout contexte métrologique ou pratique, donnant

lieu à l'invention d'algorithmes numériques itératifs élaborés appuyés sur une numération positionnelle abstraite. »102

La machine à vapeur, invention majeure à l'origine de l'industrialisation, ne date pas non plus de la « révolution industrielle ». Elle est une invention qui date de l'Antiquité. C'est une des reprises majeures de la révolution industrielle. Cette machine à vapeur existait depuis l'Antiquité, sous une forme très simple, mais c'est Denis Papin qui l'a mise au point grâce à l'invention du piston. L'Anglais James Watt a perfectionné l'invention de Denis Papin. Les premières locomotives à vapeur ont utilisé le principe de cette machine pour se déplacer sur des rails.

Les bases des armes à feu, découvertes il y a seulement quelques siècles, remontent pourtant à des milliers d'années. L'invention de la poudre noire ou poudre à canon remonte à la civilisation chinoise, qui est l'une des plus anciennes du monde. Les Chinois ont été les premiers à lancer des feux d'artifice à l'occasion des fêtes et à mettre au point différentes armes à feu. Son rôle dans l'Histoire récente a été aussi déterminant que celui du papier et de l'imprimerie, dont l'invention remonte aussi à la Chine antique.

## L'ignorance du monde d'avant : le Mystère des Cartes Antiques

En 1929, lors de la réfection du musée du palais Topkapi Sarayi d'Istanbul, le directeur des musées nationaux turcs, M. Halil Edem mit la main sur la fameuse carte en peau de gazelle de Piri Reis, peinte en 1513. Cette carte représente l'Océan Atlantique avec une partie des côtes américaines, africaines et de l'Antarctique. La carte de Piri Reis a fait l'objet de nombreuses études. Il ressort de ces études que cette carte est impossible, hors de son temps, compte tenu des connaissances de l'époque pour de nombreuses raisons.

L'île de Marajo à l'embouchure de l'Amazone n'a été découverte qu'en 1543, les îles Malouines ne seront découvertes qu'en 1592. Les Andes sont représentées, elles ne sont pas encore connues. Le Lama,

[102] Christine Proust, Apprendre à calculer en Mésopotamie il y a 4000 ans, HAL Id : hal-01466958https://hal.archives-ouvertes.fr/hal-01466958 Submitted on 13 Feb 2017

mammifère typique de l'Amérique du Sud, est peint sur les Andes, il a été identifié en 1598 par les Espagnols.

Les grandes îles au-dessus de l'équateur, inconnues, correspondent aux hauts-plateaux sous-marins des îlots St Pierre et St Paul, sur la Grande Dorsale Atlantique (dont personne ne soupçonnait l'existence).

On y voit les côtes de l'Antarctique qui ne sera découvert qu'en 1818, soit 300 ans plus tard. L'Amérique du Sud est reliée à l'Antarctique par un isthme qui a disparu il y a 10 000 ans. Piri Reis a écrit sur sa carte, en notes et dans son « Bahriye que ». Personne n'a au temps actuel une carte comme celle-là. « Ces cartes ont été dressées selon les données de chartes, des portulans de quatre Portugais qui montrent le Sind, le Hind et la Chine et d'une carte dessinée par Christophe Colomb. Elles sont aussi justes pour la navigation sur les sept mers que les cartes de nos pays. » Piri Reis déclare aussi avoir compilé sa carte à partir de vingt autres provenant de la Grande Bibliothèque d'Alexandrie et datant au moins du IVe siècle av. J.-C.

L'élément le plus troublant, celui qui soulève le plus de questions : les rivages de l'Antarctique sont ceux de la Terre de la Reine Maud sans aucune glace ! La confirmation de ce tracé n'est obtenue qu'en 1949 après les relevés sismiques d'une expédition anglo-suédoise. Or, même s'il existe encore quelques scientifiques qui continuent à prétendre que la calotte entière est vieille de plusieurs millions d'années, d'autres admettent la possibilité que cette partie de l'Antarctique ait pu être dégagée de ses glaces pendant environ 9 000 ans, il y a au moins 6 000 ans.

Outre les côtes dépourvues de glace, les fleuves, les chaînes montagneuses intérieures découvertes assez récemment, elle indique également le pôle sud ! Depuis, l'étude des carottes de glace permet aux scientifiques de remonter le temps jusqu'à 150 000 ans en arrière.

Des chercheurs ont ainsi découvert que des rivières telles que celles figurant sur la carte d'Oronteus Finaeus ont existé en Antarctique, quelque 4000 ans avant J.-C. Cependant, il se pourrait que cette « Terre Australis » soit une représentation de l'Australie.

Tous ces éléments semblent donc bien démontrer qu'il a existé, il y a au moins 6 000 ans, une civilisation inconnue possédant : 1) Une connaissance des mathématiques extrêmement sophistiquée : trigonométrie sphérique, translation trigonométrique ; projection cordiforme et conversion de coordonnées polaires et rectangulaires. Une parfaite connaissance de la rotondité de la Terre ; 2) Des instruments de mesure très précis permettant de mesurer notamment la longitude avec une finesse atteinte seulement à partir de la seconde moitié du XVIIIe siècle ; 3) Des moyens de navigation qui nous sont inconnus, des navires robustes, ou bien… certains experts affirment que la précision des tracés n'a pu être obtenue qu'à l'aide de relevés aériens…

6000 av. J.-C. est décrit par les évolutionnistes comme l'époque où l'homme serait sorti de ses grottes et aurait commencé à se « civiliser » à partir du Moyen-Orient. Or il semble bien que l'ensemble de la planète ait été cartographié, par ces hommes dits primitifs.

De plus, il faut souligner le fait que ce ne sont pas seulement des cartes côtières, car on y trouve également les chaînes montagneuses à l'intérieur des continents avec leurs altitudes. En plus d'être de fameux marins, ils devaient également être de sacrés explorateurs.

## La domination des océans il y a des milliers d'années

Des monuments datant de plusieurs milliers d'années ont aussi été trouvés dans le nouveau continent américain par les conquistadors espagnols. Un temple titanesque que les conquistadors espagnols considérèrent à leur arrivée comme une « œuvre du démon ». Difficile pour eux, au vu de ces dimensions, d'imaginer qu'une telle construction puisse être le fruit d'un travail humain…

Caractérisé par sa muraille en zigzag se développant en 3 étages sur plus de 3 000 hectares et comprenant des plateformes de 360 m de long communicant les unes avec les autres par différents escaliers sculptés dans la roche, le Sacsayhuaman est aussi connu pour l'immensité des blocs utilisés pour sa construction. Taillées minutieusement pour s'imbriquer à la perfection, certains d'entre eux mesurent jusqu'à 9 m de haut, 5 m de large et 4 m d'épaisseur et pèsent plus de 130 tonnes et acheminées d'un site à plus de 20 km !

Le Sacsayhuman, comptant trois tours, suscite toujours de nos jours, l'intérêt de nombreux archéologues et continue encore aujourd'hui d'offrir de nombreuses surprises et fait sans cesse l'objet de nouvelles découvertes.

L'exemple de la Chinkana est tout aussi mystérieux. Ce site est un ensemble de souterrains et de galeries qui reliaient l'ensemble du site au Qoricancha (Temple du Soleil) situé en plein centre-ville de Cusco !

Et c'est plus impressionnant encore d'apprendre que Sacsayhuaman signifiant « tête rugueuse » en quechua ne représente en réalité qu'une petite partie seulement d'un schéma urbain exceptionnel donnant à Cusco la forme d'un puma. Le temple du Soleil en étant les parties génitales, la place des armes le cœur et le Sacsayhuaman le crâne… Ce n'est pas un hasard de retrouver un temple en lama à Ollantaytambo et en saurien au Machu Picchu.

Les villes souterraines de Longyou en Chine, l'une des grandes structures jamais creusées sous terre par l'homme date de plus de 10 000 ans. Un complexe titanesque avec des ponts, des piscines artificielles, etc. Dans la province du Zhejiang à l'est de la Chine se trouve ce complexe pharaonique de grottes artificielles, celles de Longyou. Les chercheurs ont été surpris par la taille et la précision des grottes. Les archéologues, les ingénieurs, les architectes et les géologues du monde entier ont été surpris. Ils sont étonnés et ne savent pas comment ces édifices ont été réalisés.

Le site se compose de 36 grottes creusées par l'homme, ayant une taille moyenne de 1000 m² chacune et une hauteur de 30 mètres. La construction de ces grottes est estimée comme antérieure à la dynastie des Qin, soit trois siècles av. J.-C. Beaucoup de scientifiques se sont penchés sur les mystères des grottes sans en avoir à l'heure actuelle percé le secret.

Tout d'abord, on ignore totalement quelle civilisation aurait pu bâtir le site. Ce sont près d'un million de mètres cubes de matériaux qu'il a fallu extraire pour accomplir ce travail, un travail considérable ! De plus, aucune trace n'existe pour suggérer où ces matériaux ont-ils pu aller après leur extraction.

La roche dans laquelle a été creusé le complexe est sédimentaire proche de l'argile et du grès. Les grottes se composent de grandes chambres, de pont et piscines artificielles, et toutes les grottes sont quasi-identiques et symétriques, sans qu'aucune ne soit connectée avec une autre.

Un autre mystère est la finition des murs. Tous les murs et plafonds sont marqués par des bandes parallèles inclinées à 60°, d'une régularité impressionnante.

Les grottes sont décorées de sculptures de poissons et oiseaux, ce qui contredit l'hypothèse de certains archéologues qui y voient un lieu de stockage de matériaux ou de soldats en attente. On ne sait pas non plus comment les constructeurs s'éclairaient dans le noir souterrain, comment ils ont été si précis car tous les murs font 50 cm d'épaisseur, ainsi que les murs séparant deux grottes entre elles. Cependant, il apparaît qu'elles n'ont jamais été reliées entre elles et qu'il s'agit là d'un fait volontaire, incompris encore.

Beaucoup de mystères entourent donc ces grottes quant à leur construction, leurs constructeurs inconnus ou leur utilité.

Découverte en 1963, la désormais célèbre ville souterraine de Derinkuyu est située entre la mer Noire et les montagnes du Taurus en Cappadoce, en Turquie.

Un habitant désirant modifier sa maison a fait tomber un mur qui a mené à une découverte extraordinaire. Le mur a cédé la place à l'entrée d'une ville souterraine datant de plusieurs milliers d'années, composée d'au moins treize étages, seuls huit étages ont été dégagés à ce jour et atteignent une profondeur d'environ 90 mètres.

Le nombre de chambres de pierre qui ont été découvertes peuvent accueillir au moins 40 000 personnes, mais elles étaient conçues pour accueillir environ 10 000 personnes pour de longues durées. La cité comportait des lieux de culte, des pièces de stockage, des étables ou des bergeries, des pressoirs à vin et à huile, des cuisines, des réfectoires et une vaste pièce voûtée au second étage.

Ces souterrains ont été construits avec une grande ingéniosité, les ingénieurs du monde entier les ont étudiés et vont même jusqu'à les comparer aux pyramides d'Égypte, en raison de la complexité de leur construction. La ville souterraine pouvait être fermée de l'intérieur grâce à de grandes meules circulaires d'1m à 1m50 de diamètre et de 30 à 50 cm d'épaisseur, et chaque étage pouvait être fermé séparément.

Des rivières souterraines et des puits fournissaient l'eau et empêchaient également la contamination des sources en surface, comme des ennemis cherchant à empoisonner les habitants de la ville. Il y a plus de 100 entrées dans la ville depuis la surface, par où accédaient les habitants et le bétail. Le réseau de tunnels descendrait jusqu'à 85 mètres sous la surface.

Il y a également des passages reliant la cité à d'autres villes souterraines de la région environnante, qui sont au nombre d'environ 200. Des portes faites de grandes pierres circulaires « roulantes » sont conçues pour être facilement ouvertes et fermées seulement depuis l'intérieur, et impossibles à ouvrir de l'extérieur – probablement une mesure défensive en cas d'invasion.

Construire une telle cité serait un exploit remarquable même avec nos moyens modernes. Selon un ingénieur turc, une telle réalisation monumentale est comparable en mérite aux pyramides de Gizeh.

La ville a profité de l'existence d'une rivière souterraine, de puits d'eau et d'un magnifique ventilateur naturel qui étonne encore les ingénieurs à notre époque. Ce grand réseau de tunnels possède plus de 15 000 puits d'aération permettant à l'air frais d'entrer depuis la surface et d'atteindre même les parties les plus profondes de la cité.

Selon les archéologues et les chercheurs, la ville souterraine de Derinkuyu a été construite en 800 avant notre ère par les Phrygiens, un peuple de l'âge du bronze, mais d'autres attribuent sa construction aux Hittites, peuple belliqueux mentionné dans la Bible et qui existait des centaines d'années avant les Phrygiens, mais la ville pourrait être encore plus ancienne… Creusée dans de la roche tendre il y a des centaines, voire plus d'un millier d'années, Derinkuyu est l'habitation humaine la plus profonde qui nous est connue. Cela a dû prendre une planification considérable pour assurer le soutien adéquat pour les pièces et les tunnels de façon à prévenir tout effondrement.

Les fouilles continuent car la ville souterraine de Derinkuyu n'a pas encore livré tous ses secrets.

On sait peu de choses sur Shimao, une cité ensevelie du centre de la Chine. Les vestiges mis au jour ne cessent de surprendre la communauté scientifique et remettent en cause les connaissances sur l'histoire de la Chine antique.

C'est dans la province de Shaanxi, dans le centre-ouest de la Chine, à l'extrémité sud du désert d'Ordos, que des archéologues chinois ont mis au jour, en 1976, les premiers vestiges d'une immense cité néolithique abandonnée, baptisée Shimao. Depuis ce jour, plusieurs découvertes ont été faites sur ce site antique, mais les secrets qu'il renferme sont encore trop nombreux et ne cessent de prendre de court les archéologues au fur et à mesure qu'ils se dévoilent[103].

Le site a été baptisé Shimao, son nom originel est toujours inconnu. Les archéologues ont longtemps pensé que les ruines de la ville appartenaient à la Grande Muraille de Chine, mais des recherches approfondies ont révélé que la construction de Shimao remontait en

[103] De Arnaud Sacleux, Publication 20 nov. 2020 à 17 : 50 CET

réalité à une période antérieure, il y a environ 4 300 ans. Or l'âge de la « pierre taillée », le Néolithique aurait pris fin il y a 3000 ans.

La ville de Shimao, florissante il y a plus de 4 000 ans, était par ailleurs fortifiée de murs de pierre et non des traditionnels murs de terre battue. Des pratiques telles que le travail du bronze, la culture du blé, de l'orge, l'élevage des moutons, des chèvres et du bétail seraient apparus plus tôt dans cette région que nulle part ailleurs en Chine. Des indices montrent également différents contacts commerciaux avec plusieurs peuples d'Europe de l'Ouest.

Si ces découvertes ont tant fasciné le monde de l'archéologie, c'est parce que les historiens ignoraient jusqu'à l'existence même d'une civilisation dans cette partie du pays à cette époque. La communauté scientifique pensait jusqu'alors que le développement des villes chinoises avait eu lieu sur les plaines de l'Est. Les autorités chinoises, elles, perçoivent à travers ce site la première preuve matérielle de l'existence de la légendaire dynastie Xia.

Georges-Louis Leclerc de Buffon (1707-1788) fut l'un des premiers à avoir théorisé l'évolutionnisme et à évaluer la durée des temps géologiques. Il annonce un âge de 75 000 ans pour la Terre. Or, la preuve de l'existence d'hommes sur toute l'étendue de la terre il y a plusieurs millions d'années, est établie.

La preuve de populations d'hommes vivant en Israël, avec au moins 6 sites pour la période 1,8 Ma (Erq el Amar) à 0,8 Ma (Gesher Benot Qa'agov) est incontestable. L'indication de la présence d'hommes en Eurasie entre 1 million et moins 500 000 ans. Dispersions des fossiles d'hommes ayant vécu dans ces environnements plus froids, à des latitudes tempérées aussi au Nord que 40-45° N autour de 1 million d'années : Orce Basin Espagne (37° N).

Les archives indiquent que des fossiles d'hommes ont vécu il y a 3 Millions d'années en Afrique du Nord et en Asie du Sud-Ouest et du Sud. Les premiers fossiles d'hommes au nord du Sahara, en Afrique du Nord, viennent de Ain Hanech en Algérie (36°N) et datent de 1,8 Million d'années ; au Levant, en Israël à Erq el Ahmer, Bethelem, Ubeidiya, Evron, Quarry et Latamme et Sitt Markho, en Syrie ; dans le Caucase, des fossiles d'hommes ayant vécu à Dmanisi à 1,8 million d'années sont retrouvés en Inde du Nord, au Pakistan. En Chine, des fossiles non ambigus et bien datés d'hommes à Xiacchangliang ayant vécu il y a 1,36 Million d'années. En Indonésie, la datation absolue des couches volcaniques qui auraient contenu le crâne de Mojokerto, donne 1,81 ±

0,04 Million d'années et des fossiles d'hommes de Sangiran sont datés à 1,66 ± 0 04 Million d'années. Pour ce qui est de l'Europe, en Espagne, des fossiles d'hommes ayant vécu il y a 1,2 Million d'années sont récemment découverts (Carbonell et al. 2008).

L'une des découvertes majeures du site, à l'époque de la Préhistoire durant laquelle l'Homme était décrit comme un chasseur-cueilleur, réside dans son immense pyramide centrale, dont la base mesurait 24 hectares. Cet édifice dominait de ses 70 mètres de haut le reste de la ville. Visible en contrebas depuis chaque recoin de la cité, elle imposait aux habitants un rappel constant du pouvoir écrasant des élites qui y résidaient. Les pierres qui constituaient sa façade étaient gravées de visages humains et de représentations d'animaux.

Contrairement aux pyramides égyptiennes ou aztèques, celle de Shimao ne revêtait pas de fonction religieuse apparente. Selon les archéologues, elle représentait plutôt un lieu de vie pour les élites et servait également de lieu pour la production artisanale destinée à cette même classe sociale.

La cité de Shimao semble quant à elle avoir été un centre religieux d'importance. La plupart des blocs de pierre qui composent ses murs sont incrustés de pierres de jade, une gemme imprégnée d'une grande portée symbolique et religieuse sous la Chine antique.

Des ustensiles d'une culture vieille de 80 000 ans (sous certains aspects plus avancés que la nôtre) ont été trouvés. La caverne avait été découverte par un physicien de Beverly Hills, Bruce Russel en 1931.

Des villes extraordinaires datant de plusieurs dizaines de milliers d'années sont régulièrement découvertes. Une ville sous-marine a été découverte à Yonaguni lors d'un repérage en 1985 par un tour operator en plongée sous-marine, Kihachiro Aratake dans les eaux claires de Arakawa Point, à la pointe sud de l'île Yonaguni dans l'archipel japonais Ryūkyū près d'Okinawa. La découverte de pyramide mystérieuse de Yonaguni, antérieure aux pyramides égyptiennes, engloutie par la mer depuis des dizaines de milliers d'années, à l'ère de la glaciation, a laissé perplexes les chercheurs qui pensent à un vestige d'une civilisation extraterrestre.

La série documentaire américaine Ancient Aliens (cf. l'épisode 7, « Underwater Worlds ») propose d'explorer la théorie selon laquelle notre planète aurait été visitée il y a plusieurs milliers d'années par des civilisations extraterrestres, ayant transmis une partie de leur « savoir » aux peuples primitifs.

Cette énorme structure de pierre qui semble mégalithique est pourvue d'immenses terrasses interrompues par de grandes marches angulaires et de hautes parois lisses. Les premières études sérieuses ont été entreprises sur ce site en 1996 par le professeur de géologie Masaaki Kimura de l'Université de Ryukyu, pour qui il s'agit clairement de constructions faites par l'homme : il y a des rues, des escaliers à angles droits, des trous ronds et… la présence d'un gigantesque visage humain.

Un tel monument n'ayant pu être érigé sous l'eau, les auteurs de *Ancient Aliens* expliquent que sa construction remonte forcément à une époque où la zone était « à sec », avant la montée des eaux qui a suivi la fin de la dernière période glaciaire donc, selon eux, 14 000 ans avant notre ère, au moins. Une datation au carbone 14 réalisée en 2007 qui semblerait montrer que le monument était encore à l'air libre il y a entre 2000 et 5000 ans. La pyramide conserve encore aujourd'hui tous ses mystères.

La civilisation olmèque représente une autre énigme archéologique absolue et en contradiction avec la théorie des sociétés primitives décrites par la théorie : elle est apparue déjà parfaite et achevée avec des connaissances approfondies dans tous les domaines cités plus haut, sans aucune trace d'évolution progressive, comme ça aurait dû se passer normalement.

« Le peuple du caoutchouc serait-il surgi du néant ? L'archéologie officielle n'a pas de réponse. »

Michel Morange donne une première utilité : « Il est facile de montrer que les découvertes importantes ont souvent résulté de la redécouverte de résultats et de modèles anciens »[104]. Exemple : Pasteur redécouvre les écrits de Pline décrivant les pratiques de chauffage utilisées par les Romains pour conserver leurs vins.

Certaines disciplines ont besoin d'histoire : les astronomes ont appris grâce aux observations datées des Chinois ou des Grecs de l'antiquité. Les géologues, les écologistes, les anthropologues, les épidémiologistes, etc. ont des besoins récurrents identiques.

L'histoire des sciences est pédagogiquement utile à l'enseignement des sciences et à la culture générale, et elle apporte un surcroît de rationalité (page 17).

---

[104] Cf. Michel Morange page 10

## La démocratie n'est pas l'apanage des sociétés actuelles

En dehors de la civilisation sumérienne, il y a plus de 4000 ans, où régnait une véritable démocratie parlementaire, il y a plus de 2000 ans, on retrouvait à Pompéi, un système électoral aussi développé que celui du monde moderne. Plus de 4 000 affiches électorales furent documentées à Pompéi, selon Rebecca Benefiel, professeure de lettres classiques à la Washington and Lee University. Benefiel dirige le Projet de graffitis antiques qui élabore des catalogues en ligne des inscriptions murales de Pompéi. « Les candidats électoraux savaient comment se faire connaître », dit-elle. Les fouilles récentes de la région V permirent de mettre la main sur d'autres affiches électorales au cours du printemps qui précéda l'éruption meurtrière de 79. Sur l'inscription, on pouvait lire : « Votez pour Helvius Sabinus au poste d'édile (magistrat), un homme bon et digne de confiance. » En dessous, une inscription partiellement excavée en soutien à Lucius Albucius, son rival.

Les recommandations personnalisées montraient généralement le candidat comme « un homme bon » ou « un homme intègre ». **La démocratie n'est donc pas l'apanage ou un signe du développement politique des sociétés actuelles.**

La cité d'Ubar, considérée comme ayant été la patrie des « Aad, a été ensevelie sous une couche de sable épaisse de plusieurs mètres. *Ubar, ne pouvait être vue que depuis l'espace avant que des fouilles ne soient entreprises. Une cité enfouie à 12 mètres sous le sable a été exhumée.* Il faudrait des années et des moyens colossaux pour dessabler cette cité. Mais à défaut de savoir si des géants la peuplaient, cette cité est *a contrario* de l'Atlantis, plus un mythe mais une cité bien réelle !

De nombreux monuments et ouvrages d'art extraordinaires témoignant de la présence d'une haute civilisation ont été autrefois érigés à Ubar, en concordance avec les faits évoqués dans le Coran[105]. Ci-dessus, ce qu'il en reste de nos jours.

[105] La cité d'Ubar, considérée comme ayant été la patrie des « Aad, a été ensevelie sous une couche de sable épaisse de plusieurs mètres. Il semble que les vents furieux qui, comme le Coran le précise, ont duré sept nuits et huit jours, aient accumulé des tonnes de sable, submergeant la cité et enterrant les gens vivants. Les fouilles menées à Ubar confirment tout cela.

Les photos satellites ont également révélé l'ancienne existence d'un vaste système de canaux et de barrages utilisés pour l'irrigation autour de Ramlat et Sab'atayan, dont on estime qu'il a pu faire vivre plus de 200 000 personnes dans l'ensemble de ces cités. Ainsi, on a pu montrer que les habitants de cette région utilisaient un système d'irrigation hautement développé, qui ne servait probablement qu'à l'agriculture. Dans ces régions, en effet, les gens cultivaient autrefois la terre.

Les Nabatéens, qui étaient une tribu arabe, avaient fondé un royaume dans la Vallée des Romains en Jordanie. En ce lieu, appelé également Vallée de Pétra, il est possible de contempler d'étonnantes réalisations de cette communauté en matière d'architecture, à savoir des édifices taillés et sculptés à l'intérieur des montagnes[106].

La ville de Mohenjo-daro située au Pakistan à 300 km au nord-nord-est de Karâchi a été construite 3 000 ans av. J.-C. Elle révèle une urbanisation réfléchie et planifiée dans le tracé des rues, formant une grille dont au moins un boulevard large de 10 mètres partageait la ville basse en deux. On estime généralement la population de la ville à 40 000 personnes. Les fouilles ont révélé, outre les maisons d'habitation comportant souvent une salle de bain, une latrine, un système de drainage des eaux usées, un confort probablement inventé par cette civilisation, ainsi que des greniers, d'immenses greniers de 50 × 20 m, une grande structure résidentielle. La découverte peut-être la plus inattendue est celle d'un bâtiment comportant un hypocauste, probablement pour le chauffage de l'eau du bain. Les constructions possèdent un toit en

---

Mais le fait le plus éloquent de l'ensevelissement des « Aad par une tempête de sable est l'emploi du terme « ahqaf » dans le Coran pour localiser l'endroit où vivait ce peuple. La description utilisée dans le verset 21 de la sourate al-Ahqaf est la suivante : « Et rappelle-toi le frère des Aad quand il avertit son peuple à Al-Ahqaf, alors qu'avant et après lui des avertisseurs sont passés, en disant : 'N'adorez qu'Allah. Je crains pour vous le châtiment d'un jour terrible. »

Le mot « ahqaf » signifie « dunes de sable » en arabe, et c'est le pluriel de « hiqf » qui signifie « une dune de sable ». Ceci permet d'affirmer que les Aad vivaient dans une région où abondaient les dunes de sable, ce qui explique le recouvrement de leur cité par autant de sable.

[106] Dans le Coran, les Thamud sont d'ailleurs cités pour leur savoir-faire dans ce domaine. Cependant, il ne subsiste plus aujourd'hui de ces gens-là que ces quelques réalisations, qui nous donnent une idée de l'art à cette époque. Ci-contre, l'une de ces merveilles, vue sous différents angles.

terrasse. Des fours de potier, des cuves à teindre, des ateliers de travail des métaux, de fabrication de perles et de travail des coquillages y ont été mis au jour. Les habitants de la ville maîtrisaient l'irrigation et contrôlaient les crues du fleuve. D'après les objets manufacturés et d'autres indices découverts sur le site, les archéologues se font une idée acceptable de cette civilisation, dont l'écriture n'a toujours pas été déchiffrée à ce jour.

Les merveilles des civilisations anciennes se voient même à partir du ciel. Depuis les airs, le plan de la ville de Teotihuacan ressemble mystérieusement à un circuit imprimé d'ordinateur avec deux puces de processeur massives, qui dans ce cas sont représentées par la pyramide du Soleil et de la Lune.

Selon les archéologues, la conception avancée de Teotihuacan suggère que les anciens bâtisseurs avaient non seulement la connaissance de l'architecture mais aussi des sciences mathématiques et astronomiques complexes. L'un des détails les plus étonnants sur Teotihuacan, et ce qui le distingue des autres sites antiques est que lorsqu'on l'observe depuis les airs, le tracé de la ville de Teotihuacan ressemble étrangement à une carte de circuit imprimé avec deux grandes puces processeur – la Pyramide du Soleil et la Pyramide de la Lune. Les chercheurs ont également trouvé de nombreuses et remarquables similitudes avec les grandes pyramides d'Égypte. Cependant, si l'idée de Teotihuacan ressemblant à un tableau d'ordinateur moderne n'éveille pas votre imagination, peut-être qu'une grande quantité de mica est intégrée dans les monuments de Teotihuacan.

Les archéologues ont découvert que les structures de Teotihuacan sont incrustées de mica. Ce minerai se trouve à 4950 km au Brésil et est présent dans presque tous les bâtiments, complexes résidentiels, temples et le long des routes de Teotihuacan.

Des fouilles ont révélé que la pyramide du Soleil à Teotihuacan contenait des quantités considérables de mica en couches allant jusqu'à 30 cm.

Certes, le mica n'était pas inclus dans ces constructions pour la décoration parce qu'on ne pouvait pas vraiment le voir, donc il est clair que ce minéral a été incorporé dans les monuments pour un autre usage.

Le mica est stable lorsqu'il est exposé à l'électricité, à la lumière, à l'humidité et aux températures extrêmes. Il a des propriétés électriques supérieures en tant qu'isolant et diélectrique, et peut supporter un champ électrostatique tout en dissipant une énergie minimale sous forme de chaleur ; il peut être fendu très fin (0,025 à 0,125 millimètre ou plus mince) tout en conservant ses propriétés électriques, a une forte rupture diélectrique, est thermiquement stable à 500 °C et résiste à la décharge corona.

À Teotihuacan, nous avons essentiellement une ville ancienne et imposante, dont les bâtisseurs sont inconnus de l'histoire, avec des pyramides et des structures environnantes qui ressemblent à un tableau d'ordinateur vu du ciel.

En outre, nous savons que les bâtisseurs de la cité antique ont incorporé le mica dans les structures de la ville. Le mica n'y a pas été placé à des fins esthétiques, ce qui soulève de nombreuses questions. Y a-t-il peut-être une influence extérieure derrière Teotihuacan ? Et, est-il possible que toute la ville n'ait pas été construite non seulement pour servir de ville, mais aussi pour capter une forme d'énergie ?[107]

Avant Christophe Colomb et avant même les Incas, les habitants de la région de Nazca, au sud du Pérou, traçaient d'étranges lignes sur le sol de la pampa. Entre les vagues de l'océan Pacifique et des premiers reliefs des Andes, ils nous ont laissé de nombreuses figures sur une surface de 500 km2, qu'on ne peut apercevoir même d'un avion volant à 2000 mètres d'altitude. Les figures ne sont pas moins surprenantes : des araignées géantes, des hommes, des chats, des oiseaux, des fleurs, des serpents, des personnages auréolés. Les tracés, les lignes, les cercles, étaient parfaits sur des kilomètres, le témoignage de connaissances géométriques et astronomiques d'autant plus inexpliquées que ces figures ne sont visibles que du ciel. Les scientifiques actuels n'arrivent pas à comprendre ni à déchiffrer les « codes » qui ont permis une telle prouesse scientifique. Selon la datation au carbone 14, cette civilisation aurait vécu probablement 300 av. J.-C. Les Nazcans savaient-ils se déplacer dans les airs ? De qui tenaient-ils ce savoir cosmique ?

---

[107] Cf. https://lesavoirperdudesanciens.com/2018/02/teotihuacan-une-ancienne-cite-qui-ressemble-a-un-circuit-imprime-vu-du-ciel/

# CHAPITRE 26

# LES HOMMES ANCESTRAUX SONT PLUS MILLIARDAIRES QUE LES PLUS GRANDES FORTUNES DES TEMPS ACTUELS

## Les hommes du passé beaucoup plus riches.

L'un des mythes les plus faux mais les plus couramment admis dans le processus de l'évolution est que cette évolution rend l'homme de plus en plus riche.

Le site spécialisé Celebrity Networth a fait un classement des hommes les plus riches de « tous les temps ». Le magazine américain a publié la liste des 25 personnes les plus riches de « tous les temps » qui placerait déjà en première place des hommes qui vivaient dans le passé. Selon le site Celebrity Networth, Kankan Moussa est l'homme le plus riche de tous les temps, avec une fortune estimée à 400 milliards de dollars, bien devant les « empereurs » modernes comme le mexicain Carlos Slim ou l'américain Bill Gate, riches respectivement de 69 et 61 milliards de dollars. Kankan Moussa devance même Guillaume le Conquérant, envahisseur de l'Empire britannique. »

Ce classement de 25 personnes comprend quelques noms du 20e et du 21e siècle à l'instar de la famille Rotschild (2e avec 350 milliards USD), du dernier Tsar de Russie Nikolaï II de la dynastie des Romanov (5e avec 300 milliards USD), du guide libyen Mouammar Kaddhafi (8e) et du père de Microsoft Bill Gates (12e) qui ont tous deux franchi les 136 milliards USD, du milliardaire mexicain d'origine libanaise Carlos Slim (22e avec 68 milliards) et du philanthrope américain Warren Buffet qui occupe la dernière place de cette liste avec une fortune estimée à 64 milliards de dollars américains.

L'Africain Kankan Moussa du 14e siècle serait à la tête d'une fortune, ajustée à l'inflation, de 400 milliards de dollars, selon les estimations du site *Celebrity Net Worth*. La fortune de Kankan Moussa dépasse de loin celle du Mexicain Carlos Slim Helu, l'homme le plus riche du 20e siècle.

Forbes (magazine américain réputé pour ses listes de classements annuels dans divers secteurs) estime la fortune de ce magnat des Télécom à 69 milliards de dollars. Il est suivi de près par Bill Gates avec 61 milliards de dollars.

Certaines des plus anciennes fortunes figurant dans le classement remontent à mille ans. C'est le cas de Guillaume le Conquérant, 7e sur la liste. L'histoire retient que ce fils illégitime du Duc de Normandie, qui vécut entre 1028 et 1087, conquit l'Angleterre en 1066.

Selon l'encyclopédie Britanica, Kankan Moussa, à sa mort dans les années 1330, laissa un empire aux innombrables palais et mosquées. Certains de ces monuments existent encore aujourd'hui. Cependant, l'histoire retient surtout ses 1324 pèlerinages à la Mecque.

Lors de son voyage qu'il entreprit pendant les années d'or de son règne, il fut accueilli par les dirigeants de la Mecque et du Caire. Son escorte, semble-t-il, transportait environ 10 à 12 tonnes d'or. Généreux, il faisait des heureux partout où il passait.

Ce n'est pas au 21e mais au 14e siècle au Mali (de 1312 à 1337) que vivait celui qui a été reconnu comme plus riche du monde de tous les temps, avec une richesse estimée à 400 milliards de dollars (300 milliards d'euros), en tenant compte de l'évolution de l'inflation au fil des siècles et du cours actuel de l'or. Un trésor amassé notamment grâce à l'or, au cuivre et au sel.

Kankan Mussa aurait réalisé en 1324 un pèlerinage à la Mecque, lors duquel il aurait été accompagné de 60 000 hommes, 12 000 esclaves et 80 chameaux transportant chacun 80 kg d'or. Il aurait aussi construit une mosquée dans chacune des cités dans lesquelles il s'arrêtait le vendredi, jour de prière pour les musulmans. La quantité d'or qu'il distribua dans chacune des villes traversées en aurait fait chuter le cours mondial.

Cependant, selon la Bible, le roi Salomon serait l'homme le plus riche de tous les temps – Ses palais étaient en or. « Le poids de l'or qui arrivait à Salomon en une année se montait à six cent soixante-six talents. » — 1 Rois 10 : 14.

Selon ce verset de la Bible, le roi Salomon recevait en une seule année plus de 25 tonnes d'or. Elle représente presque le double de la production mondiale pour l'année 1800.

## Le Palais de Salomon

Dans les versets faisant référence à la Reine de Saba, le Prophète Salomon est également mentionné. Il est écrit qu'il possédait un palais et un royaume fabuleux, et de nombreux autres détails sont aussi fournis.

Ainsi, nous apprenons que Salomon avait à sa disposition la technologie la plus avancée de son époque. Dans son palais se trouvaient des œuvres d'art étonnantes et d'autres objets de valeur, qui impressionnaient tous ceux qui les voyaient. L'entrée du palais était faite de cristal. Le Coran décrit ce palais et l'effet qu'il produisit sur la Reine de Saba (qui serait selon les historiens Puabi des Sumériens :

« On lui dit : "Entre dans le Palais". Puis, quand elle le vit, elle le prit pour de l'eau profonde et elle se découvrit les jambes. Alors il [Suleyman] dit : "Ceci est un palais pavé de cristal". Elle dit : "Seigneur, je me suis fait du tort à moi-même : je me soumets avec Suleyman à Allah, Seigneur des Mondes". » [Sourate 27 An-Naml (Les fourmis) v. 44]

Le palais du Prophète Salomon est appelé « Temple de Salomon » dans la littérature juive. De nos jours, seul le « Mur Occidental » de ce qui constitua autrefois le Palais selon les dénominations, subsiste encore, et il est surnommé « Le Mur des Lamentations » par les Juifs.

Le barrage de Ma'rib (Sumer) était un ouvrage d'une technologie très avancée. Mais il connut la destruction, entraînant l'inondation du pays de Saba et la disparition de ce peuple.

Sumer était un ensemble de cités-États localisées dans la basse région des fleuves Tigre et Euphrate, qui correspond aujourd'hui au sud de l'Iraq. À notre époque, lorsqu'on voyage dans cette région, on ne rencontre le plus souvent que du désert.

En effet, la plupart des terres y sont recouvertes de sable, exception faite des villes et des zones ayant été reboisées. Ce désert, jadis patrie des Sumériens, existe depuis des milliers d'années. Leur pays prospère, dont on ne trouve trace le plus souvent que dans les livres, fut bel et bien une authentique civilisation. Ces gens-là réalisèrent de véritables prouesses en matière d'architecture.

En reconstruisant l'histoire de l'humanité, les historiens ont fait progressivement reculer les origines de la civilisation. La Grèce fut considérée comme le point de départ de la civilisation. Ensuite, l'attention fut portée sur la grandeur de l'ancienne Égypte, jusqu'à la découverte de Babylone (en Syrie). Finalement, ils ont tourné leur attention vers la civilisation sumérienne. Cette civilisation est apparue de façon soudaine, environ 3800 ans avant J-C. Une civilisation extraordinaire. Les Sumériens avaient mis en place un système d'écriture élaboré, un gouvernement parlementaire. Ils avaient des écoles, des institutions sociales, des institutions juridiques. La langue sumérienne n'a jamais été rattachée à une langue connue. Cette civilisation semble apparaître de nulle part, sans passer par les phases de maturation décrites par les évolutionnistes, de la société primitive à la haute sophistication.

Les textes sumériens décrivent une planète du système solaire appelé Nibiru qui aurait une orbite égale à 3600 années terrestres avec un satellite. Selon certaines hypothèses, cette planète serait entrée en collision avec la planète Terre, entraînant l'extinction de beaucoup de civilisations anciennes.

Parmi les traces de la culture des Sumériens qui sont parvenues, des funérailles grandioses organisées en l'honneur de Puabi, l'une de leurs reines. Plusieurs sources indiquent que sa dépouille avait été embellie d'une façon extraordinaire : son vêtement funéraire était tout émaillé de perles d'or et d'argent et de pierres précieuses. Sur sa tête avait été posée une perruque accompagnée d'une couronne incrustée de feuilles d'or. Et une grande quantité d'or avait également été placée dans la tombe[108].

En bref, la Reine Puabi, une grande figure de l'histoire sumérienne, fut enterrée avec un trésor splendide. Des récits précisent que ces richesses avaient été transportées là par toute une cohorte de gardes et de serviteurs.

---

[108] Cf. les ouvrages de Haroun Yahyah.

D'après le Coran et les récits des religions révélés, d'autres personnages de plusieurs millénaires, du temps des pharaons d'Égypte, seraient plus riches encore. L'exemple cité dans le Coran est celui du commerçant Karoun dont, rien que les clés qui servaient à ouvrir ses coffres, étaient lourdes à porter par plusieurs hommes valides. Sa fortune est tellement énorme qu'elle est quantifiée non pas en richesses directes par les clés de ses richesses :

> « En vérité, Karoun [Coré] était du peuple de Moïse mais il était empli de violence envers eux. Nous lui avions donné des trésors dont les clés pesaient lourd à toute une bande de gens forts. Son peuple lui dit : "Ne te réjouis point. Car Dieu n'aime pas les arrogants." … »

Cette indication laisse deviner que Karoun était immensément riche. Il est décrit dans ce verset du Coran, comme paradant avec les moyens d'un homme immensément riche. *« Il a été doté, certes, d'une immense fortune. »*

À ce sujet les découvertes archéologiques montrent que la richesse de Salomon, telle qu'elle est décrite dans la Bible, est tout à fait vraisemblable de même que la richesse des Égyptiens. Voici deux exemples choisis dans la Revue d'archéologie biblique :

Le pharaon égyptien Thoutmosis III (deuxième millénaire avant notre ère) offrit environ 13,5 tonnes d'objets en or au temple d'Amon-Râ, à Karnak — et ce n'était qu'une partie du don.

Selon des inscriptions égyptiennes, le pharaon Osorkon Ier (début du premier millénaire av. J.-C.) fit don aux dieux d'un total d'environ 383 tonnes d'or et d'argent. Par ailleurs, le volume Grèce classique de la collection. Les grandes époques de l'humanité (angl.) donnent les indications suivantes : les mines de Pangée, en Thrace, produisaient plus de 37 tonnes d'or par an pour le roi Philippe II de Macédoine (359-336 avant notre ère). Lorsque le fils de Philippe, Alexandre le Grand (336-323 avant notre ère), prit la ville de Suse, capitale de l'Empire perse, on y découvrit parmi les trésors environ 1 200 tonnes d'or.

Ainsi, la description que fait la Bible de la richesse de Salomon n'a rien d'extraordinaire. Il faut également se souvenir qu'à son époque Salomon était « plus grand que tous les autres rois de la terre en richesse et en sagesse ». — 1 Rois 10 : 23.

Comment Salomon a-t-il utilisé sa richesse ? Son trône était recouvert « d'or affiné », sa vaisselle était « en or » et il possédait 200 grands boucliers et 300 petits boucliers « en alliage d'or ». (1 Rois 10 : 16-21.)

Mais, chose plus importante, l'or de Salomon a aussi servi de matériau pour la construction du temple de Jéhovah à Jérusalem. Les porte-lampes et les ustensiles sacrés (fourchettes, bols, cruches, bassins, etc.) étaient faits en or et en argent. Les chérubins du Très-Saint, qui mesuraient environ 4,50 mètres de haut, l'autel de l'encens ainsi que tout l'intérieur du temple étaient recouverts d'or. — 1 Rois 6 : 20-22 ; 7 : 48-50 ; 1 Chroniques 28 : 17.

Faut-il vraiment croire à ce temple plaqué d'or ? Il est intéressant de remarquer que cette utilisation de l'or n'était pas du tout inhabituelle dans le monde antique. Selon la Revue d'archéologie biblique, le pharaon Aménophis III « fit construire à Thèbes, en l'honneur du grand dieu Amon-Râ, un temple 'entièrement plaqué d'or, dont le sol était orné d'argent et les portails d'électrum' », un alliage d'or et d'argent. En outre, Ésar-Haddôn, roi d'Assyrie (VIIe siècle avant notre ère), recouvrit d'or les portes et les murs du sanctuaire d'Ashour. À propos du temple de Sîn, à Harân, le roi babylonien Nabonide (VIe siècle avant notre ère) fit inscrire ceci : « J'ai habillé ses murs d'or et d'argent ; je les ai fait briller comme le soleil. »

Ainsi, le témoignage de l'Histoire donne à penser que le récit biblique n'exagère pas la richesse du roi Salomon.

Aux jours de David et de Salomon, rois de l'ancien Israël, on ramenait d'« Ophir » des quantités fabuleuses d'or. On pense que la plus grosse partie de l'or de cette époque venait d'Ophir. Selon le premier livre biblique des Chroniques, chapitre 29, verset 4, le roi David aurait fait don de 3 000 talents d'or en provenance d'Ophir pour la construction du temple de Jérusalem. Pareille quantité d'or aurait aujourd'hui une valeur de plusieurs centaines de millions de dollars. Les navires de commerce de Salomon rapportaient régulièrement d'Ophir de grandes quantités d'or (I Rois 9:26-28). Il y avait alors tant d'or que l'argent était considéré comme de peu de valeur. — I Rois 10 : 21.

Aujourd'hui, des géologues pensent avoir trouvé les « mines du roi Salomon » en Arabie saoudite. Dans une région montagneuse, entre La Mecque et Médine se trouve un territoire qu'on appelle le « Berceau d'or ». C'est là que ces géologues ont découvert une mine d'or abandonnée. Entre autres choses, ils ont trouvé des millions de tonnes de résidus qui avaient été abandonnés par les mineurs et qui contenaient encore des traces d'or. Des milliers de massettes et de meules, qui servaient à extraire l'or du minerai, jonchaient les pentes de la mine. Le géologue Robert Luce déclara : « Nos recherches ont maintenant démontré que cette ancienne mine a pu être aussi riche que l'indiquent les récits bibliques.

## La constitution de grands pays : un passé supérieur au présent

Le génie des grandes puissances était dans le passé. Le sens commun peut penser que l'intégration des territoires, la constitution des grands pays ont été rendues possibles par les nouveaux moyens de locomotion, de cartographie, d'administration territoriale, etc. Le processus de constitution de grands pays serait, selon le sens commun, le résultat de regroupement progressif de petites entités, par les générations actuelles qui ont su développer une vision plus grande de leurs terroirs. La réalité est tout autre. Les pays actuels sont le résultat d'éclatement plutôt que de fusion, de division plutôt que de vision. Le génie des grandes puissances était dans le passé. Plus on remonte dans le temps, sur tous les continents, plus les pays étaient plus grands. Et c'était des pays réellement constitués, avec une organisation territoriale, politique, administrative, juridique, économique, etc.

Alexandre III de Macédoine, connu sous le nom d'Alexandre le Grand, est né pendant l'automne de l'an 356 av. J.-C., et est mort en juin 323 à Babylone. Il est mort à 33 ans. Il domina un monde sur 3 continents : l'Afrique, l'Europe et l'Asie. Il laissa en héritage son art de l'organisation, ses talents militaires, ses projets, par le statut politique, économique, financier et militaire des territoires conquis. Il rêvait de les réunir. Il a vaincu les barrages du fleuve, de la montagne, de l'Océan, du désert, pour bâtir plus de 700 villes et permettre le commerce mondial. Il a gagné le cœur des peuples conquis par son extrême générosité et leur implication nouvelle dans la gestion des cités.

Alexandre le Grand avait réglé des questions militaires et administratives difficiles, organisé les pays d'Égypte, le pouvoir. La création d'Alexandrie est son œuvre ; à l'extrémité du Delta, aux limites du désert, il traça sur les bords de la Méditerranée le plan d'une ville nouvelle ; elle devait hériter de la royauté commerciale de Tyr, et rester pendant des siècles la plus grande ville du monde antique ; là devaient se faire la fusion entre la civilisation hellénique et celle de l'Égypte et de l'Orient pour créer une civilisation nouvelle ; coordonner en systèmes les théories et les pratiques scientifiques de l'Égypte et de la Chaldée.

Le plus grand pays connu, en ce jour, est créé en 1206 par Gengis Khan, avec une superficie de 33 millions de kilomètres carrés et près de 1279 capitales politiques. Ce grand pays créé à ce jour s'étendait de la Méditerranée au Pacifique. L'immense pays créé administrait déjà près de 110 millions d'habitants. L'empire mongol aida à construire une stabilité politique sur le continent asiatique, et permit entre autres le rétablissement de la route de la soie.

C'est l'éclatement progressif de cet empire mongol qui donna naissance à d'autres empires moins grands, quoique plus grands que les pays actuels.

# CHAPITRE 27

## L'HOMME EST DEVENU PLUS PETIT EN TAILLE

Dans la théorie évolutionniste, qui a fini de s'implanter, l'homme devient de plus en plus grand en taille. Dans ce sens, le Professeur Georges Olivier affirmait que :

> « Depuis les Cynomorphes, la tendance évolutive réside dans l'allongement relatif des membres (…) Ainsi les anthropoïdes présentent un allongement électif des membres antérieurs, tandis que l'Homme manifeste un allongement surtout marqué des membres inférieurs (…) résultat d'un processus de mutation-sélection »[109].

Suivant donc les théories évolutionnistes, les générations auraient gagné régulièrement quelques centimètres de taille, et des années de longévité. Selon une étude publiée en 2013, les hommes européens nés en 1980 mesureraient à l'âge de 21 ans en moyenne 1,78 m, ce qui représente un gain de 11 cm en 110 ans[110].

Le prix Nobel d'économie Robert W. Fogel et ses collègues estiment que l'homme n'est pas seulement le fruit d'une évolution très différente de celle des autres espèces animales, mais également le fruit d'une

---

[109] Georges Olivier, L'évolution et l'homme, Paris, Petite Bibliothèque Payot, p.132

[110] Timothy J. Hatton, « How have Europeans grown so tall ? », *Oxford Economic Papers*, 29 août Pages 349–372 ; Janlou Chaput Futura, « Taille : les hommes européens ont gagné 11 cm en un siècle » [sur Futura (consulté le 29 décembre 2020)]

évolution qui n'a plus rien à voir avec des générations précédentes d'Homo Sapiens. Les hommes sont vraiment devenus des mutants et presque sans le savoir.

Pour exemple, l'homme moyen en 1850 aux États-Unis mesurait 1,70 mètre et pesait 66 kilos. Il avait une espérance de vie de 45 ans. En 1980, un Américain moyen mesurait 1,78 mètre pesait 79 kilos et avait une espérance de vie de plus de 75 ans. Au moment de la Révolution française de 1789, un Français pesait en moyenne 50 kilos à comparer à 77 kilos aujourd'hui.

L'évolutionnisme fait admettre, en fermant toutes les portes de la critique, que les hommes sont de plus en plus grands et vivent plus longtemps. « *Je ne pense pas qu'il existe une plus grande avancée dans l'histoire humaine que celle qui a vu les progrès accomplis en matière de santé qui comprennent la taille, le poids, les handicaps et la longévité* »[111], affirme Samuel H. Preston, l'un des démographes et sociologues les plus prestigieux, professeur à l'Université de Pennsylvanie. Il explique, par exemple, que sans les progrès sanitaires et de la médecine accomplis au XXe siècle, la moitié des Américains vivant aujourd'hui ne le seraient pas. Et cela est vrai pour tous les Occidentaux.

En réalité, contrairement à l'évolutionnisme, les générations actuelles sont plutôt de très petites tailles, comparées aux générations antérieures. Plus on remonte dans le temps, plus les générations actuelles ont perdu en mètres de taille. L'évidence montre que la Terre, dans son histoire la plus reculée, a connu des géants. Une civilisation originelle peuplée de géants humains est rapportée dans les histoires des civilisations anciennes, les religions révélées, et confirmée par les découvertes archéologiques.

## Dans les histoires des civilisations anciennes : les humains étaient des géants

Les histoires des civilisations anciennes mettent en évidence les mêmes caractéristiques de ces géants. Un souvenir ancestral partagé par l'ensemble des civilisations.

---

[111] « *The Changing Body: Health, Nutrition, and Human Development in the Western World Since 1700* »

Les Grecs nous ont laissé un important patrimoine de récits entremêlés de textes mythologies où se développe une cosmogonie complexe. Leurs récits sont précieux au sens où ils semblent témoigner presque malgré eux. Ils nous ont fait parvenir leurs croyances ancestrales. Platon, sage grec antique, quatre siècles av. J.C, nous parle de l'Atlantide, des récits sur l'existence de civilisations anciennes disparues avec des géants aux capacités extraordinaires. Platon rapporte un récit fait à Solon par un Égyptien sur l'existence des géants. Les géants étaient décrits dans les mythologies grecques comme étant les ennemis des Dieux qui les combattirent de fait de leurs immoralités.

Là aussi, on retrouve la mention de géants. Hérodote parle d'un géant Hercule qui aurait été un des premiers rois d'Égypte et qui n'avait rien à voir avec l'Hercule grec.

Les fouilles Sao furent conduites de bout en bout, de 1939 jusqu'aux années 1980, par Jean-Paul Lebeuf (1907-1994), alors attaché au laboratoire d'ethnologie du Muséum national d'Histoire naturelle (Lebeuf & Lebeuf 1977). Seule la conviction d'une découverte sensationnelle semble avoir été à l'origine de la mobilisation des ressources et de fouilles sur une durée aussi longue.

Les Sao étaient présentés comme un peuple de géants prodigieux qu'il était possible de rattacher à l'une de ces civilisations primitives érythréenne, cyrénaïque ou atlantique, que décrivait Monod. Griaule traduit son exaltation au cours des fouilles en ces termes : [...] de parler un peu fort devant les trouvailles et c'était un pan de la culture syrtique qui s'effondrait, l'érythréenne, une méditerranéenne qui s'enfuyait à jamais. (Griaule 1943).[112]

La civilisation sumérienne de Gilgamesh fait état d'êtres de grande taille et les mythes eskimos en parlent également : « en ces temps-là, il y avait des géants sur la Terre. » Plus proche de nous, les chroniqueurs espagnols de la conquête du Pérou ont laissé des témoignages capitaux. Le Dominicain Reginaldo de Lizarraga, qui vécut au Pérou de 1555 à 1599 et écrivit la *Descripçion y plobacion de las Indias*, rapporte un mythe se rapportant à des êtres de stature incroyable. Cieza de Leon rapporte l'histoire d'une invasion de géants, recueillie auprès des indigènes de Santa Elena, Dans l'actuel Equateur : « de la mer arrivèrent

---

[112] Germain Loumpet, *L'archéologie comme science coloniale en Afrique centrale équatoriale, La construction d'un espace-temps anthropologique pour la lecture du passé.*

sur des bateaux de balsa et de paille aussi grands que des vaisseaux des hommes si immenses qu'un homme ordinaire de bonne stature atteignait la hauteur de leurs genoux. [...] Comme ils n'avaient pas de femmes et que les indigènes ne voulaient pas d'eux à cause de leur taille, ils pratiquaient la sodomie entre eux, sans honte ni crainte de Dieu... Les Indiens affirment que Dieu leur infligea une punition appropriée à l'énormité de leur crime. Alors qu'ils étaient ensemble, s'adonnant leurs pratiques homosexuelles, un terrible feu descendit du ciel avec un énorme bruit, et il en surgit un ange resplendissant, une épée acérée et brillante à la main. D'un seul coup, il les tua tous et le feu les consuma. » Nous retrouvons encore une fois, la suppression de la race de géants par une intervention divine suite à une conduite jugée répréhensible. Nous pouvons faire remarquer que Platon expliquait également la catastrophe de l'Atlantide par des causes morales.

Les hommes étant devenus pervers, Dieu se mit en colère et élimina leur création :

> « Ils tombèrent dans l'indécence -ils apparurent laids- et le Dieu des Dieux, Zeus, qui règne par les lois, comprit quelles dispositions misérables prenait cette race, d'un caractère primitif si excellent. Il voulut leur appliquer un châtiment afin de les faire réfléchir et de les ramener à plus de modération. »

Suivant ce raisonnement, doit-on voir dans les géants mentionnés dans le texte biblique ou autres récits mythologiques, les descendants ou survivants de la lointaine civilisation atlantidéenne.

La civilisation péruvienne fait aussi état d'êtres de grande taille. Concernant le Pérou, le missionnaire jésuite Pedro Lozano parlait de « géants à face de chiens et aux longues dents pointues » rencontrés près de Cuzco. Antonio Pigafetta, historien du voyage de Magellan autour du monde, donna une description d'un peuple gigantesque qu'il déclarait avoir vu de ses propres yeux en Patagonie : « Un jour où nous nous y attendions le moins, un homme d'une stature gigantesque se présenta à nous... Il était si grand que nos têtes arrivaient à peine à sa ceinture. » Des indigènes du groupe de Malekula habitant les îles du sud-est de la Nouvelle-Guinée continuent à élever des mégalithes énormes en sculptant ces pierres en formes humaines. Ces monolithes sont taillés afin de représenter les ancêtres.

Ces ancêtres étaient donc à l'origine des géants. La majorité des récits mythiques évoquent des hommes de très haute stature, souvent en mœurs dissolues et qui furent anéantis par leurs créateurs.

L'histoire de ces géants se retrouve dans différents textes anciens et cultures du monde :

- *les Nephilim et leurs descendants les Anakim et Réphaïm de la Bible,*
- *le Panthéon égyptien,*
- *les dieux de l'Olympe, cyclopes et titans de la mythologie gréco-romaine,*
- *les dânavas de la mythologie hindoue,*
- *les guerriers du Valhalla de la mythologie scandinave,*
- *les Annunaki chez les Sumériens, bien que l'on retrouve également le terme néfilims dans leurs archives écrites en langage cunéiforme, des géants astronautes des temps immémoriaux, venus de la planète Nibiru.*

Les histoires des civilisations anciennes sont pleines de références à des êtres de dimension gigantesque, de force démesurée, de mœurs dissolues, et détenteurs d'un Haut Savoir, influençant directement ou indirectement les sociétés humaines actuelles. Du fait de leur grande taille et leurs grandes facultés, certaines races de géants ont même été confondues avec celles des divinités dans l'Antiquité.

Les concordances entre les récits sont trop semblables pour qu'ils ne soient pas considérés uniquement comme des coïncidences. Tous ces textes renvoient à une histoire commune.

On retrouve la mention de géants. Hérodote parle d'un géant Hercule qui aurait été un des premiers rois-dieux d'Égypte et qui n'avait rien à voir avec l'Hercule grec. Certains textes égyptiens affirment que les géants étaient en guerre contre les hommes.

* Les Thaïlandais anciens prétendaient que les hommes des premiers temps étaient d'une taille colossale.

* Les Nordiques, quant à eux, croyaient que les premiers êtres de la création étaient grands comme des montagnes. La patrie de ces géants aurait été située vers la mythique Thulée.

* Thor, le dieu du tonnerre, le fils aîné d'Odin et de la Terre, possédait un marteau, nommé Mjollnir qui ne ratait jamais son coup. Avec cette arme redoutable, il passait une grande partie de son temps à combattre les géants. La mythologie nordique met très souvent en scène des géants qui apparaissent là aussi comme les ennemis des Dieux et qui semblent avoir eu des problèmes pour trouver des épouses. De la même manière qu'avec l'histoire de David et Goliath, les géants sont abattus par des

armes de jet, que ce soit à l'aide d'une fronde ou d'un marteau qui revenait lui-même dans la main de son lanceur.

* Og, roi de Basan, était resté seul de la race des Rephaïm. Voici, son lit, un lit de fer, n'est-il pas à Rabbath, ville des enfants d'Ammon ? Sa longueur est de neuf coudées et sa largeur de quatre coudées, en coudées d'homme. Deutéronome Ch 3 verset 11. (La terre d'Og, était appelée « la terre des géants)

* Les chroniqueurs espagnols de la conquête du Pérou nous ont laissé des témoignages capitaux. Le Dominicain Reginaldo de Lizarraga, qui vécut au Pérou de 1555 à 1599 et écrivit « La descripçion y plobacion de las Indias », rapporte un mythe se rapportant à des êtres de stature incroyable. Cieza de Leon rapporte l'histoire d'une invasion de géants, recueillie auprès des indigènes de Santa Elena, dans l'actuel Equateur : « De la mer arrivèrent sur des bateaux de balsa et de paille aussi grands que des vaisseaux des hommes si immenses qu'un homme ordinaire de bonne stature atteignait la hauteur de leurs genoux. »

* Antonio Pigafetta, historien du voyage de Magellan autour du monde (1934), donna une description d'un peuple gigantesque qu'il déclarait avoir vu de ses propres yeux en Patagonie : « un jour où nous nous y attendions le moins, un homme d'une stature gigantesque se présenta à nous… Il était si grand que nos têtes arrivaient à peine à sa ceinture. »

* Des indigènes du groupe de Malekula habitant les îles du sud-est de la Nouvelle-Guinée continuent à élever des mégalithes énormes en sculptant ces pierres en formes humaines. Ces monolithes sont taillés afin de représenter les ancêtres.

Même les tablettes et bas-reliefs de Sumer en parlent…tout en parlant des Annunaki.

L'histoire des Toltèques écrites par Ixtlilxochitl, divise l'histoire du monde en plusieurs périodes appelées « Soleils » : la deuxième époque — le Soleil de la Terre — vit le monde peuplé de géants, les Quinametzins, qui disparurent presque entièrement parce que des tremblements de terre détruisirent la Terre. Le Soleil du Vent fut la troisième époque, et les Olmèques et Xicalancas, races humaines, vécurent sur la Terre. Ils tuèrent les géants qui avaient survécu, fondèrent Chuchula et allèrent jusqu'à Tabasco.

En Grande-Bretagne, appelée autrefois Albion, vivaient des géants. Après la chute de Troie (Troie, une ville liée aux géants), un héros nommé Brutus est arrivé en Grande-Bretagne avec ses soldats et a conquis le pays. Ils se sont battus avec ces géants et en ont tué la majeure partie. Mais ils ont gardé le dénommé « Gog Magog » un géant de 3 mètres 50.

Sur les hauteurs du Golan à 80 km de Damas se trouve un cercle de pierres, appelé « le giga rephaïm ». Cette tombe, unique en son genre, était certainement destinée à une personnalité importante pour l'époque. Il a fallu 40 000 tonnes de pierres pour le bâtir. Il a entre 4 à 5 mille ans. Cette région était gérée par Og souverain du Basan. Il était le dernier géant de la race des Rephaïm. Il y avait donc plusieurs races ! La Bible nous donne la taille de son lit en fer : environ 4 mètres 50 de long et 2 mètres de large.

Au Liban, selon des récits arabes, les temples de Baalbek auraient été construits par une race de géants pour le compte du roi Nemrod[113].

« Et nous y avons vu les géants, enfants d'Anak, de la race des géants ; et nous étions à nos yeux comme des sauterelles, et nous l'étions aussi à leurs yeux. » (Nombres 13 : 34) « Alors toute l'assemblée éleva la voix et se mit à jeter des cris, et le peuple pleura cette nuit-là. » (Nombres 14 : 1, Ancien Testament) … Les Anakims ou les enfants d'Anak sont des synonymes des mots Anunnaki ou Anunna, tels qu'utilisés par Zachariah Sitchin au sujet de la civilisation sumérienne.

Avant la première destruction de l'Atlantide, la taille variait beaucoup, car en ce temps-là, il y avait des géants sur la terre, des hommes d'au moins trois ou quatre mètres, et bien proportionnés. » (Edgar Cayce, lecture 364) Livre, Visions de l'Atlantide, Edgar Cayce, Ed. J'Ai Lu

« Les géants furent les premiers constructeurs de cités cyclopéennes dont les vestiges existent encore sur l'île de Pâques ». *Magazine, Monde Inconnu (Le), No 31, 07-08/1982, Michel Coquet.*

Dans le passé, longtemps avant que l'histoire n'ait été relatée, des géants marchaient sur la terre. *Livre, C'était ainsi, T. Lobsang Rampa, Ed. J'Ai Lu*

Avant la première destruction de l'Atlantide, « il y avait des géants sur la terre, des hommes d'au moins trois ou quatre mètres, et bien proportionnés. » (Edgar Cayce, lecture 364) *Livre, Visions de l'Atlantide, Edgar Cayce, Ed. J'Ai Lu*

113 Nimrod, fils de Cusch, fils de Cham, fils de Noé.

Des traditions péruviennes font état de manière assez détaillée d'une race de géants, les Huaris, qui auraient bâti un grand nombre de constructions cyclopéennes réparties un peu partout dans la région andine[114].

Les Thaïlandais anciens prétendaient que les hommes des premiers temps étaient d'une taille colossale. Les Nordiques, quant à eux, croyaient que les premiers êtres de la création étaient grands comme des montagnes. La patrie de ses géants aurait été située vers la mythique Thulée.

> Thor, qu'ils désignaient dieu du tonnerre, le fils aîné d'Odin et de la Terre, possédait un marteau, nommé Mjollnir qui ne ratait jamais son coup. Avec cette arme redoutable, il passait une grande partie de son temps à combattre les géants. Mjollnir a permis notamment aux Ases de se protéger de ces créatures démesurées. Un jour cependant, un géant le dérobe et jure de le rendre à la seule condition qu'on lui permette d'épouser la déesse Freya. Thor et Loki, qu'il appelait dieu du Mal et de la ruse, prennent alors l'apparence de la déesse et de sa servante. Lorsque pour bénir l'union, en place Mjollnir dans le giron de Thor, ce dernier enlève son déguisement et massacre tous les géants. La mythologie nordique met très souvent en scène des géants qui apparaissent là aussi comme les ennemis des Dieux et qui semblent avoir eu des problèmes pour trouver des épouses.

De la même manière qu'avec l'histoire de David et Goliath, les géants sont abattus par des armes de jet, que ce soit à l'aide d'une fronde ou d'un marteau qui revenait lui-même dans la main de son lanceur.

## Dans les religions révélées : des peuples géants peuplaient la terre

Les récits dans de la Bible évoquent un peuple dans le passé super puissant. On dit que ces Nephilim seraient disparus au moment du Déluge (Sg 14,6) suite à une condamnation de Dieu à cause de leur révolte : conséquence de la supériorité que leur conférait « leur force » (Si 16, 7) ou leur habilité dans « L'art de la guerre » (Ba 3, 26) « Quand

[114] Magazine, Monde Inconnu (Le), No 67, 12/1985, Les Géants, Serge Hutin

le souffle de Dieu eut été retiré » de leur être comme le dit Jean-Chrysostome.[115]

Tout comme dans les récits de la Bible, dans le Coran, une civilisation d'hommes plus puissants, semble avoir dominé la Terre dans des temps très anciens.

> « N'ont-ils pas vu combien de générations, avant eux, Nous avons détruites, auxquelles Nous avions donné pouvoir sur terre, bien plus que ce que Nous vous avons donné ? Sourate 6 : Al-Anam (Les Bestiaux) v.6
>
> « Combien avons-Nous fait périr, avant eux, de générations bien plus fortes qu'eux ». Sourate 50 : QAF verset 36.
>
> « ...Allah avait périr des générations supérieures à lui en force et plus riches en biens... » Sourate 28 : verset 78.
>
> 'Combien de générations, avant eux, avons-Nous fait périr, qui les surpassaient en biens et en apparence ?' Sourate 19 : verset 74.
>
> « Cela ne leur a-t-il pas servi de direction, que Nous ayons fait périr avant eux tant de générations dans les demeures desquelles ils marchent maintenant ? Voilà bien là des leçons pour les doués d'intelligence ! » Sourate 20 : verset 128.

Tout comme dans les récits de la bible, une civilisation peuplée de géants semble avoir dominé la Terre dans des temps très anciens. Anéantis à la suite d'un cataclysme, les quelques géants survivants furent massacrés par les humains.

Il se peut que les gigantesques monuments, mégalithes, monolithes et ruines millénaires éparpillés à travers les continents, et même dans le fond des océans, soient les vestiges de cette époque antique qui a vu le règne des géants et que ces derniers aient pu également laisser leur empreinte dans la structure génétique des êtres humains (les gènes récessifs).

Les géants soulèvent une interrogation quant à leur histoire, leur antériorité et leur civilisation. En effet, faut-il voir dans les textes les mentionnant un fait isolé extraordinaire où le rédacteur, surpris, se trouve confronté à un homme de grande taille, bien supérieure à la normale, comme il peut en exister de nos jours ? Ou au contraire, ces géants décrits ne sont-ils que de rares descendants, des vestiges vivants en quelque

---

[115] http://www.interbible.org/interBible/decouverte/comprendre/2008/clb_080627.html

sorte, d'une antique civilisation déjà disparue au moment où les rédacteurs de textes anciens les incorporaient à leurs récits ?

Dans le passé, longtemps avant que l'histoire n'ait été relatée, des géants marchaient sur la terre. Ils étaient les jardiniers de la terre, ceux qui viennent ici pour superviser le développement de la vie sur cette planète.

La race des géants n'était pas faite pour la vie terrestre, et c'est pourquoi, grâce à des moyens magiques, la taille de ces êtres diminua jusqu'à rejoindre celle des humains, et ainsi ils furent en mesure de se mêler à eux sans être reconnus comme étant les jardiniers. {Livre, C'était ainsi, T. Lobsang Rampa, Ed. J'Ai Lu}

Avant la première destruction de l'Atlantide, la taille variait beaucoup, car en ce temps-là, « il y avait des géants sur la terre, des hommes d'au moins trois ou quatre mètres, et bien proportionnés. » (Edgar Cayce, lecture 364)[116]

3 :24 O Israël, comme elle est grande la maison de Dieu, comme il est vaste le domaine qui lui appartient ! 3 :25 Il est grand et n'a pas de fin, il est élevé et sans mesure ! 3 :26 C'est là que furent engendrés les fameux géants, ceux du commencement, de haute stature et versés dans l'art de la guerre. 3:27 Ce n'est pas eux que Dieu a choisis, ni à eux qu'il a indiqué le chemin de la science ; 3:28 et ils périrent, car ils n'avaient pas de discernement ; ils périrent à cause de leur irréflexion.[117]

Aussi dans la Bible *Genèse* ch 6 verset 1 à 4, il est fait référence de ces personnages. On mentionne effectivement dans la Bible, à plusieurs reprises, la présence de populations de taille largement supérieure aux Hébreux, comme les Rephaïm, les Émites et les Anaqites (Dt 2,10 ; 3,2 ; Jos 15,13-14).

Il est dit que ces Nephilim seraient disparus au moment du Déluge (Sg 14,6) suite à une condamnation de Dieu à cause de leur révolte : conséquence de la supériorité que leur conférait « leur force » (Si 16, 7) ou leur habilité dans « l'art de la guerre » (Ba 3,26), « quand le souffle de Dieu eut été retiré » de leur être comme le dit Jean-Chrysostome[118].

---

[116] {Livre, Visions de l'Atlantide, Edgar Cayce, Ed. J'Ai Lu} Livre de Baruch

[117] http://www.bibleetnombres.online.fr/bible6nc/baruch.htm

[118] http://www.interbible.org/interBible/decouverte/comprendre/2008/clb_080627.html

Maximinus Thrax Ceaser de Rome en 235-238 apr. J.-C. avait un squelette de 2 mètres 59.

Goliath était grand d'environ 2 mètres 75. Voir 1 Samuel 17.

Le lit en fer du Roi Og, cité dans le Deutéronome 3, mesurait approximativement 4 mètres 30 de long et 1 mètre 80 de large. Celui-ci devait mesurer au moins 3 mètres 60.

Dans le chapitre III de Baruch, la Bible nous donne un étonnant tableau d'une civilisation primitive : l'humanité aurait commencé par une race gigantesque extrêmement développée intellectuellement, artistiquement et psychiquement (ces géants originels auraient ainsi eu des pouvoirs sur les oiseaux, les animaux). Dieu, en raison de leur mauvaise conduite, causa leur extermination et les remplaça par les hommes actuels. Baruch décrit une civilisation mondiale très ancienne mais ne donne aucune indication sur le pays de ses premiers géants civilisés : où sont-ils les chefs des nations, ceux qui maîtrisaient des bêtes de la terre, ceux qui se jouaient des oiseaux du ciel, qui amassaient l'argent et l'or en quoi les hommes mettent leur confiance et dont les possessions n'avaient point de limite, ceux qui travaillaient l'argent avec tant de soins que leurs œuvres sont impénétrables ?

Les disparitions des générations antérieures sont plus l'effet de calamités qu'une lutte des espèces. Beaucoup de générations d'hommes ont subitement disparu de catastrophes naturelles. Les religions révélées défendent toutes ces thèses et même défient les archéologues. Le Coran laisserait supposer que la Terre, dans son histoire la plus reculée, a connu des civilisations de personnes géantes bien plus fortes à tout point de vue qui ont subitement disparu, avec des traces visibles.

Les récits relatifs aux peuples disparus, qui constituent une grande part du Coran, lancent un défi aux archéologues :

> N'ont-ils pas vu combien de générations avant eux Nous avons détruites, auxquelles Nous avions donné pouvoir sur terre, bien plus que ce que Nous vous avons donné ? Nous avions envoyé sur eux, du ciel, la pluie en abondance, et Nous avions fait couler des rivières à leurs pieds. Puis Nous les avons détruites, pour leurs péchés ; et Nous avons créé, après eux, une nouvelle génération. (Surat al-An'am : 6)

> Et rappelez-vous quand Il vous fit succéder au peuple de Aad et vous installa sur la terre. Vous avez édifié des palais dans ses plaines et taillé en maisons les montagnes. Rappelez-vous donc les bienfaits d'Allah et ne répandez pas la corruption sur terre. (Surat al-A'raf : 74)

> Combien avons-Nous fait périr, avant eux, de générations bien plus fortes qu'eux. Ils avaient parcouru les contrées, cherchant [vainement] où fuir. Il y a bien là un rappel pour quiconque a un cœur, ou qui prête l'oreille tout en étant témoin. (Surat Qaf : 36-37)

Dans la liste des communautés disparues : « Le peuple de Noé, les Aad, Pharaon aux obélisques, les Thamūd. Le peuple de Loth, les hommes d'al-Ayka avaient crié au mensonge avant eux (les Arabes contemporains du Messager) » (38, 12) auxquels s'ajoutent les Compagnons de l'éléphant (*aṣḥāb al-fīl*) (105, 15), les Hommes du puits (*aṣḥāb al-rass*) (25, 38 ; 50, 12), le peuple d'Abraham (9, 70), le peuple de Tubbaʿ (44, 37 ; 50, 14), le peuple de Madian (7, 85 ; 11, 84 ; 94, 95), les habitants de Ḥiğr (la pierre) (*aṣḥāb al-Ḥiğr*) 22 » (15, 80), et enfin, le personnage de Coré (28, 81).

> « Ils ont disparu, descendu à l'Hades, et d'autres ont surgi à leur place ; de plus jeunes ont vu la lumière qui ont habité sur la terre ; mais la voie de la science, ils ne l'ont pas connue, ils n'ont pas compris ses sentiers. [...] Israël, combien grande est la demeure de Dieu, et qu'il est étendu le lieu de son domaine, grand et sans fin, élevé, sans mesure ! Là naquirent les géants fameux des origines, à la haute stature et connaissant la guerre. Ce n'est pas eux que Dieu choisit, il ne leur montra pas la voie de la science. Aussi ont-ils péri faute d'avoir la prudence, ils ont péri par leur folie. »

Les géants de la Bible et des traditions sont-ils des descendants de cette race gigantesque primitive, éliminée, selon la tradition, par la colère de Dieu en raison de leur attitude infamante ?

Les témoignages rapportés par les traditions toltèques du Mexique apportent une confirmation inattendue aux éléments apportés par les textes bibliques. Les Toltèques sont encore mal connus de nos jours. Seuls quelques éléments ont été rapportés par les chroniqueurs de l'époque de la conquête espagnole. L'histoire des Toltèques écrites par Ixtlilxochitl, divise l'histoire du monde en plusieurs périodes appelées « Soleils » : la deuxième époque — le Soleil de la Terre — vit le monde peuplé de géants, les Quinametzins, qui disparurent presque entièrement parce que des tremblements de terre détruisirent la Terre.

Le Soleil du Vent fut la troisième époque et les Olmèques et Xicalancas, races humaines, vécurent sur la Terre. Ils tuèrent les géants qui avaient survécu, fondèrent Chuchula et allèrent jusqu'à Tabasco. Tout comme dans les récits de la bible, une civilisation peuplée de géants semble avoir dominé la Terre dans des temps très anciens.

Anéantis à la suite d'un cataclysme, les quelques géants survivants furent massacrés par les humains mais ont laissé dans des récits mythologiques l'empreinte de leur existence de leur magnificence perdue.

Les vestiges de géants humains dans les générations précédentes se retrouvent sur les cinq continents.

# CHAPITRE 28

# LES PREUVES ARCHÉOLOGIQUES DE L'EXISTENCE DES GÉANTS

De multiples preuves sur **les cinq continents** viennent confirmer l'existence de civilisations d'hommes géants, des découvertes partout dans le monde, des preuves qui remettraient en cause ce que l'on croit savoir de l'histoire de l'homme.

Des squelettes d'humains géants, des empreintes de pieds nus et de chaussures, mêlées à celles de dinosaures, datées de centaines de millions d'années ont été trouvées un peu partout au monde.

## L'existence de civilisations d'hommes géants sur le continent américain

Pendant l'été 1882, des détenus de la prison de Carson City (Nevada) en travaillant dans une carrière, mirent à jour une couche de grès dans laquelle, parmi les traces d'animaux fossiles comme les mammouths, se trouvaient six séries d'empreintes d'hominidés géants. Un rapport fut envoyé à l'Académie des Sciences de Californie le 27 août 1882. Certaines de ces empreintes (de 50 centimètres) montraient que ces hominidés portaient même des sandales.

Des traces de civilisations perdues dans Death Valley apparurent dans un rapport du Nevada Hot Citizen, le 5 août 1947. Des archéologues amateurs déclarent avoir découvert, dans des cavernes de Californie, une civilisation perdue d'humains de neuf pieds de haut (2 m 74). Des ustensiles d'une culture vieille de 80 000 ans (sous certains aspects plus avancés que la nôtre) ont été trouvés. La caverne avait été découverte par un physicien de Beverly Hills, Bruce Russel en 1931. Ont été découverts côte à côte « les restes bien conservés de dinosaures, de smilodons (félins à grandes canines), d'éléphants impériaux et autres animaux éteints étaient exposés par paire dans des niches. » On y découvrit des articles ménagers, des fours qui apparemment fonctionnaient avec des ondes radio. *Magazine, Nexus, No 12, 01-02/2001*

En 1884, Earl Flint, un géologue représentant le musée de Peabody et de l'université de Harvard, a découvert dans une carrière près de Managua (Nicaragua), au bord du lac Gilva, à 60 centimètres de profondeur, des empreintes d'hominidés, certaines avec sandales, d'autres indiquant l'usage d'une canne. Les plus grandes mesuraient 40 centimètres de longueur. Leur âge est estimé à 200 000 ans.

En 1885, au sommet de Big Hill dans les monts Cumberland, dans le comté de Jackson (Kentucky), une série de traces ont été découvertes dans du grès carbonifère d'environ 300 millions d'années. Parmi les traces d'ours et celles d'un animal ressemblant à un grand cheval, il y avait deux empreintes d'hominidés de bonne taille, aux orteils bien écartés. Ces traces furent examinées par le Professeur J. F. Brown, du collège de Borea.

En 1896, une pierre portant une empreinte parfaite de pied humain de 37 centimètres de long fut montrée aux membres de l'Académie des Sciences de l'Ohio. Cette pierre fut trouvée 20 ans plus tôt aux alentours de Parkesbourg (Virginie), son âge a été estimé à 150 millions d'années.

Découvertes en 1908 dans les lits du Fleuve Paluxy, près de Glen Rose, Texas. Des empreintes fossilisées d'humanoïdes géants de 4 mètres de hauteur, mêlées à des traces de dinosaure de 120 à 130 millions d'années font l'objet d'une grande controverse. Une telle découverte contredirait radicalement les théories.

Un squelette humain de 2 mètres 64 a été récupéré sous un monticule en pierre, un tombeau, à Brewersville, en Indiana, en 1870. Un squelette humain de 3 mètres 50 a été trouvé dans le lit du lac mineur Humbolt (nanovolt) en juin 1931. Un squelette humain de 3 mètres 66 a été trouvé par des soldats dans le ranch de Lompoc, Californie en 1883.

Une humanoïde de 2 mètres 14 et plusieurs autres de ces mamans ont été trouvées en Chine en 1996.

Des chameaux grands de 6 mètres 10 et des humains géants ont été trouvés. Ils ont été trouvés dans le Texas, en Arizona, en Ohio, en Europe et particulièrement au Moyen-Orient.[119]

> « Le Dr C.N. Dougherty a irréfutablement démontré qu'on a trouvé dans la vallée des Géants, au Texas, des centaines de traces de sauriens de différentes espèces et, dans chaque cas, ces empreintes s'accompagnaient de traces géantes de pas humains. »

En 1930, le Dr W. Burrough, chef du département de géologie du collège de Berea (Kentucky), annonça la découverte de dix empreintes d'hominidés dans du grès carbonifère sur les collines au nord du comté de Rockcastle. Les empreintes mesuraient 24 centimètres de long sur 15 de large. Les photos micrographiques et infrarouges qui furent prises ne montrèrent aucun signe de sculpture artificielle sur et autour des marques. De plus, l'analyse microscopique indiqua que les empreintes étaient bien dues à un impact suite à la pression du pied d'un hominidé. La roche de ces traces est estimée à 250 millions d'années. Des années plus tard, ces empreintes furent totalement détruites par des vandales, sans doute choqués que l'on puisse étudier des preuves qui remettraient en cause ce que l'on croit savoir de l'histoire de l'homme… En 1968, un minéralogiste amateur W.J. Meister, à la recherche de fossiles de trilobites et de brachiopodes, vieux de 500 millions d'années, à Antelope Spring (Utah), trouva, à sa grande surprise en brisant une roche, ce qui ressemble à une empreinte de chaussure. Sur cette empreinte apparaît un trilobite écrasé.

En 1969, Troy Johnson, un géologue de trente ans d'expérience de terrain, trouva une couche de grès pleine d'empreintes fossiles au sommet d'une colline à l'est de Tulsa (Oklahoma). Parmi les empreintes d'espèces animales disparues depuis 3 millions d'années, certaines semblaient parfaitement humaines avec 5 orteils. Il montra des moulages de ces empreintes à plusieurs experts qui le rejetèrent à cause des implications de sa découverte.

D'autres empreintes de pieds nus et de chaussures, mêlées à celles de dinosaures, datées de 100 millions d'années ont été trouvées dans la vallée de Carrizo dans le nord-ouest de l'Oklahoma.

---

[119]http://www.angelfire.com

## L'existence de civilisations d'hommes géants sur le continent asiatique

Des ossements d'hommes de taille gigantesque ont été trouvés un peu partout dans le monde, à Java, en Chine, au Transvaal. Dans une nécropole du Sahara, on peut voir des tombes longues de 6 mètres où reposent des hommes qui avaient 3 mètres de haut ![120].

> « À Gargayan, dans la province nord des Philippines, on a trouvé le squelette d'un géant qui ne mesurait pas moins de 5,18 m. Ses incisives avaient 7,5 cm de longueur et 5 cm de largeur. »
>
> « Des ossements appartenant à d'autres humains grands de 3 m ont été découverts dans le sud-est de la Chine. Le Dr Pei Wen Chung, paléontologiste de renommée mondiale, affirme que ces restes datent de 300 000 ans. »[121]

En février 2002, James Snyder, un habitant de la région de Ramona, a fait cette découverte étonnante lors d'une balade dans la forêt nationale de Cleveland. En sortant des sentiers battus à la recherche d'or dans le massif de Gowers, Snyder est tombé sur une empreinte géante de pied fossile dans la roche granitique de ce qui a sans doute été un cours d'eau il y a longtemps... très longtemps...Snyder, qui pense qu'il pourrait s'agir de l'empreinte d'un « Bigfoot », aimerait que des scientifiques fassent l'effort de se déplacer dans ce coin perdu, à plus d'une heure et demie de marche, dans des montagnes difficiles d'accès, pour étudier sérieusement cette empreinte...

En 1984, le professeur Kourban Amanniazov, directeur de l'Institut de géologie de l'Académie des Sciences de Turkménie, a dirigé une expédition dans les montagnes de Kouguitang-Taou au sud-est du pays. Parmi les nombreuses traces de dinosaures, ils ont trouvé également une empreinte, pas très nette mais assez distincte, vieille de 150 millions d'années, qui ressemble à la trace d'un pied d'humanoïde.

Un squelette humain de 4 mètres 57 a été trouvé dans la vallée de l'Euphrate, au sud-est de la Turquie, dans les années 50. Pendant la construction d'une route. Beaucoup de tombeaux contenant des géants ont été découverts là-bas.

---

[120] Cf. Robert Charroux, Le Livre du mystérieux inconnu.

[121] *Livre, Histoire inconnue des hommes, Robert Charroux, Ed. J'Ai Lu*

En 2004, dans le désert d'Arabie Saoudite, la compagnie Aramco spécialisée dans le pétrole et le gaz, a découvert des squelettes d'hommes géants ! Les hommes mesureraient environ 20 mètres de longueur ! Les Saoudiens l'ont rapproché du peuple d'Aad, des géants anciens dont parlerait le Coran. Les photos ont été diffusées sur Internet.

Le peuple de Aad avait comme messager Houd Ben Abd Allah Ben Ouss, de la descendance de Sem. La tribu de Aad se situait au Yemen d'aujourd'hui entre Oman et Hadramout tout près de la mer. Une population de géants, leur roi s'appelait El Djelidjen. Dieu les aurait détruits avec une tempête de vents. Leur capitale qu'on a longtemps cru être un mythe s'appelait « Ubar » ou Les tours d'Iram.

Au début des années 1990, furent publiés dans plusieurs journaux connus, des articles annonçant « la découverte de la cité arabe disparue », « la découverte de la cité arabe légendaire », « l'Atlantis des sables, Ubar ». Ce qui rendit cette découverte encore plus curieuse est que cette cité est mentionnée également dans le Coran. Nombreux furent ceux qui, auparavant, pensaient que le peuple d'Aad évoqué dans le Coran était purement mythique et que leur cité ne serait jamais trouvée. Dès lors, ils ne purent dissimuler leur étonnement face à cette fabuleuse découverte.

Grâce au travail de Clapp et à celui de Thomas avant lui, ainsi qu'à l'aide fournie par les chercheurs de la NASA, l'emplacement de cette cité légendaire, qui avait fait l'objet de récits oraux par les Bédouins, fut découvert. Peu de temps après, commencèrent les fouilles et des vestiges enfouis sous les sables furent mis au jour. C'est pourquoi cette cité perdue fut surnommée « l'Atlantis des sables, Ubar ».

Dès le début de cette recherche, on interpréta que les restes de cette cité appartenaient au peuple de Aad. La concordance devint incontestable à partir du moment où, parmi les restes découverts, on mit au jour les vestiges de colonnes et tours d'Iram mentionnées de façon précise dans le Coran. L'un des responsables des fouilles, le Dr Juris Zarins, déclara qu'étant donné que les tours sont l'un des signes distinctifs d'Ubar et qu'Iram est mentionnée comme abritant des tours et des piliers, ces indices si particuliers suffisent à légitimer que le site déterré n'est autre que celui d'Iram, la cité des Aad décrite dans le Coran.

## L'existence de civilisations d'hommes géants sur le continent d'Océanie

Alice Springs – Le plus imposant des squelettes humains jamais exhumés a été découvert par une équipe d'archéologues de l'Université d'Adelaïde sur le site archéologique d'Uluru près d'Ayers rock dans le parc national d'Uluru-Kata Tjuta, a rapporté l'Adelaïde Herald.

Le gigantesque spécimen d'hominidé qui mesure près de 5,3 mètres de haut a été découvert près des anciennes ruines de la civilisation mégalithique en Australie, ce qui fait que la découverte représente un double mystère, a admis le professeur Hans Zimmer apparemment désemparé par les fouilles, de l'Université d'Adelaïde.

> « L'année dernière, la découverte sur le site archéologique d'Uluru nous a pris par surprise, mais celle-ci est encore plus incroyable, » a-t-il admis, visiblement abasourdi. « En théorie, un hominidé de cinq mètres de haut ne peut pas exister. Comment cela a-t-il pu se produire ? Comment est-ce possible ? Bien que cette découverte soit fascinante, nous avons plus de questions que de réponses », reconnaît-il.

« Un archéologue australien, le Dr Rex Gilroy, directeur du Mount York Natural History Museum, a tout récemment découvert à Mount Victoria des empreintes fossiles de pieds de géant dont l'authenticité ne saurait être mise en doute. » *Livre, Mes preuves, cinq continents témoignent, Erich Von Däniken*

Le Docteur Louis Burkhalter, qui représentait autrefois la France dans les congrès de préhistoire, écrivait en 1950 dans la « Revue du Muée de Beyrouth » : « Nous montrerons clairement que l'existence d'une race d'hommes gigantesques dans la période acheuléenne doit être considérée dès à présent comme prouvée scientifiquement. » Trois découvertes au moins indiquent l'existence dans le passé d'une race de géants : 1) le géant de Java 2) le géant de la Chine du Sud 3) le géant du Transvaal[122].

Découverte de débris d'os d'hommes de stature gigantesque. Un, au Transvaal, un dans la Chine du Sud et un à Java. Des traditions péruviennes font état de manière assez détaillée d'une race de géants, les

---

122 *Livre, Vers un retour aux étoiles, Erich Von Däniken, Ed. J'Ai Lu*

Huaris, qui auraient bâti un grand nombre de constructions cyclopéennes réparties un peu partout dans la région andine. *Magazine, Monde Inconnu (Le), No 67, 12/1985, Les* Géants, *Serge Hutin*

Dans les années 1970, le Dr Rex Gilroy, directeur du musée d'Histoire naturelle de Mount York (Australie), a découvert une empreinte géante au mont Victoria âgée de 200 millions d'années.

## L'existence de civilisations d'hommes géants sur le continent africain

Les empreintes ont été trouvées dans le site de Laetoli en Tanzanie et datent de 3,8 millions d'années. Ce sont les pas laissés dans la boue par un(e) adulte et un enfant, qui ont ensuite été recouverts par des cendres volcaniques et que l'érosion a finalement découverts.

L'édification de cités géantes et le transport de monolithes pesant des milliers de tonnes -à Machu Picchu, à Baalbek, à Gizeh, etc.- trouvent une explication, à la fois dans la force titanesque des hommes et dans l'utilisation de leurs connaissances scientifiques.

Dans la province d'Agadir, on aurait mis au jour un atelier d'outils préhistoriques vieux également de 3000 ans. Parmi d'autres objets, il y avait des bifaces qu'on employait à la main. Or ces bifaces pèsent 8 kg et leur préhension exige un écartement de doigts qui n'est possible qu'à un géant d'au moins 4 mètres[123].

## Sur le continent européen

En 1961, en France, sur le plateau de Daüs de la commune d'Ailhon situé en Ardèche, une empreinte d'humanoïde a été découverte à proximité d'empreintes de dinosaures dans du grès du trias moyen (environ 220 millions d'années). Selon l'Abbé Albert F. de Lapparent, la déformation serait due à une surface portante abondamment imbibée d'eau, une boue trop liquide. Relevé effectué par M. P. Bellin.

---

[123] *Robert Charroux, Histoire inconnue des hommes depuis cent mille ans Ed. J'Ai Lu*

Un géant fossilisé a été mentionné dans le magazine Strand de 1895. Son corps faisait 3,70 m. Il avait été découvert au cours d'opérations minières dans le comté d'Antrim, en Irlande. *Magazine, Nexus, No 17, 11-12/2001.* [124] *Les* géants *ont bel et bien existé, John Mount.*

« Dans certaines cavernes du Tibet, des ossements humains gigantesques ont été retrouvés. » *Livre, J'ai vécu sur deux planètes, Phylos, Ed. Robert Laffont*

Des empreintes d'humains gigantesques ou de squelettes de plus de six mètres de long ont été découvertes lors de fouilles archéologiques. *Livre, Famille de Lumières, Barbara Marciniak, Ed. Ariane.* [125]

Notons qu'il était bien conservé, sans doute par momification. M. Dyer, après avoir montré le géant à Dublin, est venu en Angleterre avec sa découverte bizarre et l'a exposée à Liverpool et Manchester demandant six pence par visite. Ensuite, M. Dyer a payé un certain Kershaw pour s'occuper de l'affaire et la trace du géant a ensuite disparu. Beaucoup de découvertes « dérangeantes » pour la « science officielle » ont été détruites depuis quelques siècles, et surtout depuis l'avènement du « darwinisme » et de son évolution unique des espèces, ce incluant l'humanité et une soi-disant origine unique, jamais prouvée !

La photo publiée en 1895. Ce géant découvert dans le Comté d'Antrim en Irlande est plus haut que le wagon sur lequel il est appuyé. Cet homme monstrueux passe pour avoir été déterré par un M. Dyer qui prospectait pour trouver du minerai de fer dans le Comté d'Antrim. Les principales mensurations sont : la longueur totale de 12 pieds 2. La circonférence de sa poitrine, 6 pieds 6. Sa longueur de bras, 4 pieds 6. Il avait six orteils au pied droit. Son poids « brut » est 2 tonnes.

Un squelette humain de 5 mètres 94 a été trouvé en 1577, sous un chêne déraciné dans le canton de Luzerne. Un de 7 mètres a été trouvé en 1456, près d'un fleuve vers Valence, en France. Un de 7 mètres 90 environ a été trouvé en 1613, près du château de Chaumont en France. Ce squelette est décrit comme étant presque complet. Incroyable et presque au-delà de la compréhension, fut la trouvaille de deux restes humains (distincts) de 11 mètres chacun, découverts par des Carthaginois quelque part entre 200-600 av. J.-C. Un squelette humain de 3 mètres 50 a été trouvé dans une mine de houille italienne.

---

[124] Magazine, Nexus, No 12, 01-02/2001

[125] Magazine, Monde Inconnu (Le), No 31, 07-08/1982, Michel Coquet

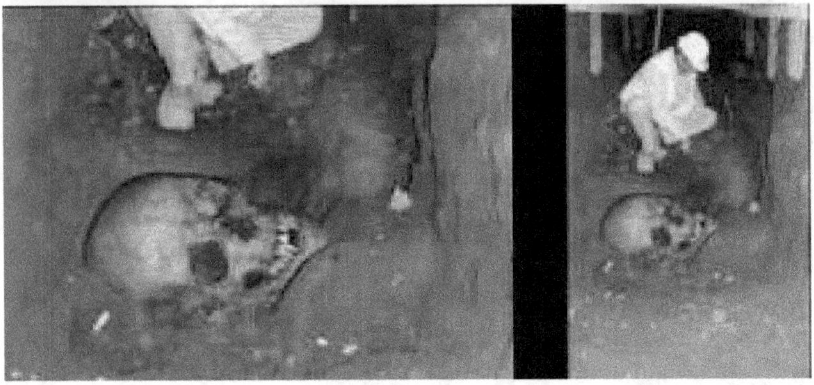

# CHAPITRE 29

# LES PREUVES ARCHÉOLOGIQUES D'UN HOMME DU PASSÉ PLUS ÉVOLUÉ

Si dans le passé lointain, l'homme a réalisé des œuvres prestigieuses, les traces et vestiges devraient encore subsister. Ce qui est en réalité le cas. Des vestiges de plus en plus impressionnants, découverts, montrent un homme du passé super évolué, très loin de l'image d'un homme peu évolué.

## Les découvertes de jarres de 500 kg à plusieurs tonnes

Les principaux champs de jarres sont situés sur le plateau autour de l'ancienne ville de Xieng Khuang, aujourd'hui Phonsavan au Viêt Nam. Au total, c'est près d'une soixantaine de sites différents qui sont disséminés sur la zone large de la plaine des Jarres dont le centre est au Laos, les principales concentrations comptant jusqu'à 250 unités. Mais on trouve aussi des sites similaires, bien que moins spectaculaires, sur le plateau de Korat en Thaïlande et en Inde du Nord, ce qui amène certains chercheurs à penser à une répartition recouvrant un itinéraire d'échanges par caravanes.

Les jarres sont disposées par groupes, sans alignement visible. Elles sont de différentes tailles, d'un à trois mètres de hauteur, mesurant près de huit mètres de circonférence, pesant de 500 kg à plusieurs tonnes pour les plus grandes (qui peuvent contenir jusqu'à dix hommes debout). Elles ont été taillées dans des blocs de roches monolithiques provenant de la région : calcaire de grès, et parfois granits. Elles sont parfois à demi enterrées. On trouve aussi quelquefois, près de certaines d'entre elles, un disque de pierre ayant pu servir de couvercle. Leur forme est assez simple, souvent cylindrique, plus rarement angulaire ; les jarres ne présentent aucune décoration ni inscriptions. Aucun autre vestige architectural ou d'habitat antique n'est présent dans la région, laissant les jarres sans contexte archéologique.

La première étude archéologique des sites a été réalisée vers 1930 par Madeleine Colani de l'École française d'Extrême-Orient. Elle entreprit la fouille des alentours de plusieurs jarres, ainsi que celle d'une grotte située non loin et dotée d'une cheminée naturelle, dans laquelle furent découverts d'importantes traces de feu et des ossements humains calcinés. Elle émit alors l'hypothèse que cette grotte aurait été un incinérateur naturel lors des funérailles, et que les cendres auraient ensuite été conservées dans les jarres. Malheureusement, les éléments de datation des os retrouvés dans la grotte ou près des jarres sont très étalés dans le temps, et ne permettent pas de tirer de conclusions précises.

La communauté scientifique ne peut encore donner que des explications conjoncturelles quant à la datation de ces jarres de pierre, sur une période allant jusqu'à 500 av. J.-C. ; et plusieurs théories co-existent au sujet de leur destination : urnes funéraires, stockage de nourriture ou d'eau, cuves à fermentation pour la production d'alcool… Le mystère entoure encore cette civilisation encore inconnue, et le peuple qui réalisa et utilisa ces jarres.

Des Indiens, janvier 2002, ont découvert dans le golfe de Khambhat, 40 mètres sous le niveau de la mer, des squelettes humains et les ruines d'une ville dont l'existence remonterait à environ 7500 av. J.-C. Ils ont remonté plus de 2 000 objets. Si la datation est exacte, cette découverte remet en cause bien des certitudes. La Mésopotamie ne serait pas le berceau des premières cités. Selon Le Courrier International : « Les implications de cette découverte laissent perplexe. Jusqu'à présent, on pensait que les premières grandes installations urbaines dans le monde étaient apparues en Mésopotamie, aux alentours de 4000-3500 av. J.-C, suivies par la civilisation du Nil en Egypte, à l'origine de la grande culture pharaonique »[126].

Entre le Sri Lanka et l'Inde, les images des satellites ont révélé, l'existence sur 33 kilomètres d'un pont de pierres, construit artificiellement. Les pierres ont été identifiées comme vielles de 7 000 ans. La science semble confirmer l'origine artificielle du lien entre le Sri Lanka et l'Inde : la présence de roches sur ceux-ci soit attribuable à un projet humain. L'énigme est loin d'être résolue : qui a apporté les pierres à cet endroit et les a disposées de manière aussi ordonnée ?

L'Égypte, comme tous les sites partout dans tous les continents, offre en effet la même énigme à la sagacité des chercheurs. Les vestiges archéologiques égyptiens comme partout ailleurs, laissent penser que la civilisation a surgi déjà entièrement constituée au début de l'humanité, voire même une décadence, des découvertes du temps plus ancien en attestent encore. Des ruines âgées d'environ 200 000 ans ont été découvertes en Afrique australe. La découverte date de 2003, et provient d'un pompier pilote qui survolait la région à la recherche de l'avion d'un collègue.

Ces ruines comprendraient 3 grandes cités de quelque 100 km$^2$ chacune. Parmi les ruines, une première pyramide peut être vue, et les détails gravés dans la pierre incluent le symbole de l'Ankh -- « Ceci des milliers d'années avant que les Égyptiens ne l'utilisent » reporte Tellinger. Les académiciens doutent que ces structures soient faites des mains de l'homme bien que les géologues et archéologues pensent que cela pourrait être encore plus grand.

En avril 2001, une ancienne structure qui se trouvait enfermée à des kilomètres sous la glace dure de l'Antarctique a été détectée par un satellite. Un édifice vieux d'au moins 12 000 ans, ce qui est la durée depuis laquelle la glace recouvre l'Antarctique. Une ancienne construction découverte, faite par l'Homme sur la planète.

Tiwanaku, en plus de désigner le site archéologique (à 70 km de La Paz), désigne surtout une civilisation ! Tiwanaku aurait existé il y a plus de 12 000 ans. Quels éléments ? L'existence d'un bâtiment qui est interprété comme étant un port ! Certaines gravures représenteraient des

---

[126] www.courrierinternational.com/article/2002/07/11/la-civilisation-urbaine-est-elle-nee-en-inde

animaux disparus il y a environ 12 000 ans. Bref, cette civilisation reste assez énigmatique et incomprise.

L'édification de cités géantes et le transport de monolithes pesant des milliers de tonnes -à Machu Picchu (Pérou), à Baalbek (Liban), à Gizeh (Égypte), le pont de pierres au Sri Lanka, d'autres lieux et des objets dont la nature et l'origine sont encore inconnues - trouvent une explication, à la fois dans la force titanesque des hommes et dans l'utilisation de leurs connaissances scientifiques.

Comment ont-ils construit le Panthéon, avec des matériaux venus d'Égypte, de Turquie ? Comment, il y a plus de 2000 ans, les Romains ont-ils pu déplacer des blocs monolithiques de 80 tonnes de 20 mètres de long et 4 mètres de large sur le site du temple Baalbeck ?

Comment des populations, antérieures à Jésus Christ, ont-elles pu construire un dôme jamais égalé, plus large que le Capitole avec ses 30 mètres de diamètre, de plus de 43 mètres de diamètre ? Il s'y ajoute que les bâtiments modernes ne durent pas plus de 50 ans. Les constructions romaines durent déjà plus de 2000 ans. Les Romains ont créé les matériaux jamais égalés par les constructions modernes.

Comment ont-ils pu créer, même avec les techniques modernes, ces aqueducs extraordinaires ? Dix-mille kilomètres d'aqueduc haut de 16 mètres, pour acheminer l'eau de la campagne à la ville, à travers des reliefs accidentés, et alimenter tout le réseau de la ville. La technologie est stupéfiante, même pour les ingénieurs modernes. Comment ont-ils pu fabriquer des navires de guerre que les porte-avions modernes n'arrivent pas à égaler ?

Le Néolithique aurait pris fin avec l'apparition, puis la diffusion de la métallurgie du bronze (celle du fer ne serait pas encore connue), à partir de 3000 av. J.-C. en Asie Mineure. Comment les Egyptiens ont-ils pu sculpter la montagne, il y a plus de 3000 ans, pour construire le temple gigantesque d'Abu Simbel ? Comment la sculpture de ces colosses de plus de 40 mètres de haut, et de tout le temple à l'intérieur, a-t-elle pu durer, seulement 20 ans, beaucoup moins de temps que la plus grande sculpture du vingtième siècle, les visages de seulement 20 mètres de longueur du mont Richemont aux USA, avec tous les moyens modernes (maquettes en argiles, explosifs, logistiques, outils mathématiques, lasers, ingénierie…) ?

> « Puis, comment expliquer l'apparition du bronze en Europe sans qu'il y ait eu auparavant un âge du cuivre et un âge de l'étain ? Or un âge du cuivre a existé en Amérique vers les Grands Lacs, et c'est le

seul lieu de la terre où il a existé ! Là seulement, on retrouve des instruments en cuivre pur. Partout ailleurs, on ne retrouve que du bronze. Or le bronze n'a pu être trouvé avant un long usage du cuivre et de l'étain. Le bronze a donc été apporté en Europe, en Asie, en Afrique par un peuple commerçant et hardi. Comment expliquer aussi la découverte en Amérique de pointes de flèches, de haches et de statuettes en néphrite et en jadéites, alors que nul gisement de ces pierres n'existe en ce pays ? Et d'où viennent ces marteaux de pierre portant le signe sacré et mystérieux du Swastika indou et égyptien » [127]?

Comment les Égyptiens ont-ils pu construire ces pyramides et stèles prodigieux dont les architectes modernes n'arrivent pas à comprendre l'ingénierie, la technique qui a permis une telle précision ? Comment ont-ils pu ériger des centaines de pyramides, une merveille architecturale il y a 5000 ans : la taille colossale, les propriétés complètes, la base plane, les côtés identiques ? Le Pentagone est un monument simple comparé aux merveilles techniques des pyramides. Les architectes modernes prédisent que les pyramides peuvent survivre des centaines de milliers d'années. Ce qui n'est pas le cas du Pentagone.

Comment, il y a 4500 ans des hommes à l'Âge dit primitif, des silex, ont-ils pu créer le site de **Stonehenge** dans le sud de l'Angleterre ? Les scientifiques sont sans réponse devant ces monuments de pierres monolithiques dont chacune **mesure 9 mètres**, pèse **50 tonnes**, sans carrière à 260 kilomètres. Comment ont-ils pu les transporter, les mettre debout ? Comment hisser le linteau au sommet des pierres ? Comment ont-ils pu avoir une surface lisse des pierres ? Le site de Stonehenge est appelé « la danse des géants », il fut érigé il y a 4 à 5 mille ans, par qui ?

Quelques questions restent en panne dans la théorie évolutionniste. Qui étaient ces géants ? D'où venaient-ils ? Le monde a connu cinq grandes extinctions, selon les astrophysiciens, n'y avait-il pas avant une de ces extinctions, une civilisation d'hommes ? Des civilisations comme l'Atlantide comptée par Platon, n'ont-elles pas existé ? Autant de questions qui renvoient une histoire méconnue de l'humanité, une histoire qui reste encore découvrir en s'aidant des quelques indices disséminés dans les vieux textes.

La région du Proche-Orient et du t Moyen-Orient actuels est le théâtre de civilisations de géants et des puissances qui se sont développées sur la

---

[127] Maurice Glomeau, Michel Manzi, Le Livre de l'Atlantide, op cit.

période précédant l'Antiquité classique. Depuis le 4$^{e}$ av. J.-C. (appelé l'Âge du bronze) jusqu'à l'apogée de l'Empire perse au vie siècle av. J.-C. Cette région a vu s'élever des civilisations en Sumer. Des images satellites ont permis de repérer, les vestiges de grandes cités disparues, un immense réseau de murs de pierres au cœur de l'Arabie Saoudite.

De mystérieuses structures de pierre ont été découvertes en Arabie Saoudite dans la région de Harrat Khaybar, à l'ouest du pays. Ces murs de construction humaine, semblables à des portes vues du ciel, sont au nombre de 400 environ, disposés en grappe. Les archéologues qui les étudient n'ont pas encore pu se faire une idée précise de leur but, de leur destination, ni même de leur âge. Ce sont des images satellites qui ont permis de repérer ces structures basses et rudimentaires situées dans une zone reculée et volcanique, au milieu de champs de lave. Le plus court des murs s'étend sur 13 mètres, le plus long, approche les 520 m. Malgré l'absence de datation, David Kennedy, Professeur d'archéologie à université de Western Australia, estime qu'il s'agit des plus anciennes constructions humaines de la région. L'un des murs est en partie recouvert par traces de la lave, ce qui atteste qu'ils auraient plus de 7000 ans.

Un groupe de Saoudiens, membres de l'association Desert Team, s'est rendu sur place afin d'établir une cartographie des lieux. Mais l'analyse de ces étonnantes structures ne fait que commencer et il faudra sans doute encore du temps avant d'en percer totalement le mystère.[128]

## Les religions révélées n'ont pas fait mystère de puissantes civilisations disparues.

Les Nabatéens, qui étaient une tribu arabe, avaient fondé un royaume dans la Vallée des Romains en Jordanie. En ce lieu, appelé également Vallée de Pétra, il est possible de contempler d'étonnantes réalisations de cette communauté en matière d'architecture, à savoir des édifices taillés et sculptés à l'intérieur des montagnes. Dans le Coran, les Thamud sont d'ailleurs cités pour leur savoir-faire dans ce domaine. Cependant, il ne subsiste plus aujourd'hui de ces gens-là que ces quelques réalisations, qui

---

[128] https:// michelduchaine.com /2017/10/21 /civilisation -disparueune-mysterieuse-structure-de-pierres-decouverte-en-arabie-saoudite/

nous donnent une idée de l'art à cette époque. Ci-contre, l'une de ces merveilles, vue sous différents angles.

> Cela fait partie des récits que Nous te rapportons concernant des cités : les unes demeurent encore debout tandis que d'autres (sont complètement) rasées. (Surat Hud : 100)
>
> « Il faut donc en conclure que selon le Coran, le peuple de Loth a été détruit par un tremblement de terre suivi d'une chute de laves, arrivées sous l'apparence d'un nuage poussé par un vent fort et provenant d'une éruption volcanique s'étant produite à proximité. Si l'on admet l'hypothèse que nous proposons, la formulation relative au *siǧǧīl.* »[129] Geneviève Gobillot

Ces nouvelles trouvailles relancent le débat sur l'histoire tragique de Pompéi. Avant l'éruption du Vésuve qui ensevelit la ville sous une pluie de cendres et de pierres en 79 après J.-C.. Depuis sa découverte, Pompéi est un des sites les plus régulièrement fouillés au monde. Malgré tous ces travaux, un tiers des 690 000 mètres carrés de la ville demeure inexploré. L'archéologue italien Giuseppe Fiorelli mena des activités d'exploration pendant 12 ans jusqu'en 1875, mettant au jour près d'un tiers de Pompéi.

Là, sur un sol enrichi par des apports de cendres volcaniques, se dressaient autrefois des fermes prospères, des vignobles luxuriants et de somptueuses résidences d'été. Située entre les pentes du Vésuve et la mer, Pompéi était la cité balnéaire favorite des riches Romains qui quittaient la capitale au climat torride pour venir s'y rafraîchir un peu. Mais Pompéi subit l'une des plus terribles éruptions volcaniques de l'histoire, qui l'éradiqua de la surface de la Terre. Aujourd'hui, les vestiges de ses habitants, asphyxiés par les effluves mortels du Vésuve tandis qu'ils se livraient à leurs activités quotidiennes, nous fournissent des détails vivants du mode de vie romain. Le désastre frappa Pompéi ainsi qu'une cité voisine, Herculanum, alors que s'y trouvaient de nombreux patriciens romains venus se détendre dans leurs villas.

C'était le 24 août 79 de l'ère chrétienne. Les fouilles archéologiques menées sur le site ont révélé que l'éruption s'est déroulée en plusieurs étapes distinctes. Avant son déclenchement, la région avait été soumise à plusieurs secousses sismiques. Des grondements provenant du volcan, aigus, profonds et terribles, avaient accompagné ces tremblements.

---

[129] Geneviève Gobillot, *Histoire et géographie sacrées dans le Coran, L'exemple de Sodome*, https://journals.openedition.org/mideo/318

Ensuite, le Vésuve éjecta une colonne de vapeur et de cendres. Puis le nuage ainsi formé s'éleva haut dans l'atmosphère, charriant des morceaux de vieilles roches arrachées du conduit du volcan ainsi que des tonnes de pierres ponce récentes et d'aspect vitreux. Les vents dominants dirigèrent le nuage vers Pompéi, où de « petites pierres » se mirent à tomber. Tandis que cette voûte de cendres progressait au-dessus de la ville, les pierres ponce et les cendres s'abattirent sur elle, et l'épaisseur de la couche ainsi formée sur le sol augmentait d'une quinzaine de centimètres par heure. 13

Après avoir sécurisé le site, les archéologues le fouillèrent et découvrirent une villa richement ornée de fresques avec une étable et des terres cultivées. L'analyse révéla que les chevaux étaient grands et en bonne santé. Compte tenu de leur condition physique et de la découverte des restes d'une selle militaire gainée d'une plaque de bronze, on put conclure que ces chevaux étaient probablement de race pure, symbole d'un statut social élevé. Ils étaient probablement élevés pour des événements locaux comme les courses, les cirques et les défilés. Nombreuses étaient les belles villas à Pompéi. Cela signifiait que des Romains nantis y vivaient. Cependant, Pompéi reposait également sur une économie agricole et industrielle florissante. Les archéologues retrouvèrent plus de 200 ateliers d'artisanat, y compris des tanneurs, des fabricants de textiles et des boulangers.

**Les religions révélées mettent au défi les archéologues, en les invitant à creuser sous la terre que « les hommes foulent matin et soir »** « *Vous passez sur eux matin et soir*[130]. Ne faites-vous pas le lien ? » (S 37 V.138), dans des circonstances comparables à celles qui ont causé la disparition de la cité (S.27, V.69) : « Dis : "Parcourez la terre (*sīrū fī al-arḍi*) et considérez quelle a été la fin des criminels" », il élargit considérablement le nombre et la variété des lieux qui, au cours du temps, ont subi un sort analogue.

« *Nous fîmes donc de cela un exemple pour eux-mêmes et pour les générations futures, et une leçon pour les pieux.* » (S.2 : V. 66) L'interrogation rhétorique de la suite du verset (S.25, V.40) : « Ne l'ont-ils pas vue de leurs propres yeux ? En dépit de cela, ils n'espèrent pas un retour à la vie. » Qu'en est-il de nos jours, si l'on admet que le Coran a pu faire référence à une situation réelle ? C'est une question qui se posera éventuellement aux archéologues et aux chercheurs de terrain qui feraient

---

130 « *Muṣbiḥīna wa-bi-l-layli* ».

le pari de se baser sur les données qu'il contient, au-delà de leur portée symbolique, en tant que résultats d'observations systématiques et attentives.

Le verset (9, 70) : « L'histoire de ceux qui vécurent avant eux ne leur est-elle pas parvenue ? Celle du peuple de Noé, des ʿĀd, des Thamūd, celle du peuple d'Abraham, des hommes de Madian et des cités renversées ? Leurs messagers leur avaient apporté des preuves incontestables, Dieu ne voulait pas les léser, mais ils se sont fait tort à eux-mêmes. »

## Le Coran met donc au défi les archéologues

Dans le Coran, ces destructions ont pour objectif de servir à l'édification des générations nouvelles. Le Coran met donc au défi les archéologues, en les invitant à creuser sous la terre, dans les lieux où ils habitent. Pour Sodome par exemple, en plus du souci d'authenticité dont témoigne l'utilisation du mot *siǧǧīl*, il semble s'être appuyé sur l'existence, à proximité d'un volcan, d'un sol argileux cultivé à son époque, pour développer deux thèmes essentiels de sa vision théologique : le châtiment de la pluie de pierres.

La chronologie des événements : Cri de la terre (sayha) et pluie de siggil ou pierres d'argile. Le tremblement de terre se serait produit avant la pluie fatale selon le Coran. Le Coran, tout en restant dans le même champ sémantique, évoque un autre type de cri, celui de la terre qui a annoncé le cataclysme destructeur du peuple de Loth, comme en témoigne l'analogie verbale avec le cri qui a précédé la destruction des Madianites et des Thamud. Or, la métaphore qu'il emploie, ici comme dans ces autres contextes, est bien connue des géologues qui utilisent le terme technique de « *tremor* harmonique » pour désigner la clameur d'origine sismique qui se fait entendre avant les éruptions volcaniques et les tremblements de terre. Après avoir atteint son intensité maximale, celui-ci s'arrête brusquement, ce qui explique la comparaison avec un cri. Ses fréquences audibles commencent à environ 20 hertz. Selon les scientifiques, ses fréquences audibles commencent à environ 20 hertz. Selon les scientifiques, cette hausse rapide serait due à une montée en pression dans les fractures à l'intérieur de l'édifice volcanique.

Noyés dans l'abondance, les Thamud menaient une vie extravagante. Dans le Coran, Dieu dit que le Prophète Salih (que la paix soit sur lui) fut envoyé comme avertisseur auprès d'eux. Il était un membre éminent des Thamud. Les gens de son peuple, qui ne s'attendaient pas à ce qu'il prêche la religion de vérité, furent surpris par l'exhortation qu'il leur lança pour qu'ils abandonnent la perversité qui les caractérisait. Une petite fraction de la communauté répondit positivement à Salih, mais la grande majorité le rejeta. En particulier, les chefs de la communauté déclenchèrent leur colère contre lui et ses partisans, essayant de les opprimer. Ils étaient furieux contre Salih car il les appelait à adorer Dieu. Cette rage n'était pas spécifique au cas des Thamud : ceux-ci n'ont fait que réitérer les fautes commises par les peuples de Nuh et de « Aad, qui les ont précédés dans l'histoire. C'est pourquoi le Coran fait référence à ces trois peuples comme suit :

> « Ne vous est-il pas parvenu le récit de ceux qui vous ont précédés : du peuple de Nuh, des Aad, des Thamud et de ceux qui vécurent après eux, et que seul Allah connaît ? Leurs messagers vinrent à eux avec des preuves, mais ils dirent en portant leurs mains à leurs bouches : "Nous ne croyons pas [au message] avec lequel vous avez été envoyés et nous sommes, au sujet de ce à quoi vous nous appelez, dans un doute vraiment troublant". » (Sourate Ibrahim : V.9)

## Le peuple de Saba, un « signe » pour le Coran d'un passé à explorer

Le récit du peuple de Saba (Sheba dans la Bible) est ainsi rapporté dans le Coran :

> « Il y avait assurément, pour la tribu de Saba, un signe dans l'aménagement de leur territoire : deux jardins, l'un à droite et l'autre à gauche. « Mangez de ce que votre Seigneur vous a attribué, et soyez reconnaissants envers Lui : vous avez une contrée agréable et un Seigneur Pardonneur. » Mais ils se détournèrent. Nous déchaînâmes alors contre eux l'inondation du barrage, et Nous leur changeâmes leurs deux jardins en deux bosquets d'arbustes aux fruits amers, des tamaris et quelques jujubiers rabougris. Ainsi les rétribuâmes-Nous pour leur mécréance. Saurions-Nous sanctionner un autre que le mécréant ? » (Surat Saba : 15-17)

Comme il ressort de ces versets, les membres de cette communauté vivaient dans une région caractérisée par des vignobles et jardins d'une grande beauté. Dans un tel pays, qui bénéficiait d'un niveau de vie élevé, les habitants auraient dû faire preuve de gratitude à l'égard de Dieu, mais ils se détournèrent de Lui, comme le précisent les versets ci-dessus. Du fait qu'ils attribuaient tout leur bien à leurs propres efforts, ils le perdirent complètement ; leur fin fut précipitée par la rupture d'un barrage, qui dévasta le pays entier.

Le corps de cette reine n'en a pas moins subi le même sort que celui du commun des mortels, devenant un vulgaire squelette.

Comme tous ses sujets de son royaume, qu'elle méprisait pour leur statut inférieur, son corps s'est trouvé décomposé par les bactéries. C'est bien là une illustration de la vanité des biens matériels en cette vie, qui n'assurent en rien le salut face à une telle dégénérescence.

## Les Minoens, preuve d'une grande civilisation disparue

La terre et la mer peuvent ne subir aucune secousse ni cataclysme pendant des siècles ; c'est alors qu'un bouleversement est soudain à l'origine d'une catastrophe. Aucun événement peut-être n'est capable d'illustrer aussi clairement une telle horreur que la calamité ayant frappé l'ancienne île de Théra (Santorin) ; ce qui s'est produit là semble constituer la plus forte éruption volcanique explosive de tous les temps. Il y a environ 3 500 ans, un très haut volcan situé sur cette petite île large de seize kilomètres dominait toute la Mer Egée, véritable ombre menaçante planant sur la brillante civilisation minoenne ancrée sur l'île de Crète, à une centaine de kilomètres plus au sud. À l'apogée de cette civilisation, peut-être 30 000 personnes vivaient à Akrotiri, la principale cité de Théra dans laquelle des palais décorés de fresques magnifiques avaient été bâtis. Un port y était le point de départ de navires chargés de marchandises pour le commerce. Tandis que les savants demeurent incertains sur la date exacte de la catastrophe (comprise dans une fourchette allant de 1470 à 1628 avant le début de l'ère chrétienne, selon les estimations), ils sont cependant tous d'accord sur la séquence des événements ; de faibles secousses sismiques furent suivies d'un violent tremblement de terre, puis de secousses secondaires, et enfin d'une explosion dont le bruit fut entendu jusqu'en Scandinavie, dans le Golfe Persique et sur le Rocher de Gibraltar. 12 D'énormes vagues marines se dressèrent et un raz-de-marée engloutit Amnisos, le port de Cnossos en Crète. Aujourd'hui, seuls des vestiges du glorieux passé sont encore visibles.

Akrotiri et la civilisation minoenne, l'une des plus importantes de l'époque, ne s'attendaient sûrement pas à une fin aussi tragique. Ses membres, qui se vantaient de leurs richesses, perdirent tout ce jour-là.

Dans le Coran, Dieu souligne que la destruction de ces anciennes civilisations est à méditer par les sociétés contemporaines :

> « N'est-ce pas pour eux une indication le fait qu'avant eux Nous ayons fait périr tant de générations dont ils foulent à présent l'emplacement de leurs maisons ? Il y a, en cela, des preuves ! N'écouteront-ils donc pas ? » (Surat as-Sajdah : 26)

# CHAPITRE 30

# L'HOMME ACTUEL NE VIT PAS PLUS LONGTEMPS QUE DANS LE PASSÉ LOINTAIN

Grâce aux progrès réalisés notamment dans les domaines de la science et de la médecine, les générations actuelles pensent qu'elles vivent plus longtemps et mieux que les générations antérieures. Plusieurs auteurs défendent cette thèse.

> « Je ne pense pas qu'il existe une plus grande avancée dans l'histoire humaine que celle qui a vu les progrès accomplis en matière de santé qui comprennent la taille, le poids, les handicaps et la longévité »[131].

## Les générations anciennes vivaient plus longtemps et mieux

L'espérance de vie moyenne dans le monde aurait augmenté de 6,2 ans entre 1990 et 2013, selon une étude publiée dans la revue britannique *The Lancet*. Les humains vivraient de plus en plus vieux.

---

[131] Roderick Floud, Gresham College, Robert W. Fogel, University of Chicago, Bernard Harris, University of Southampton, Sok Chul Hong, Sogang University, Seoul «*The Changing Body: Health, Nutrition, and Human Development in the Western World Since 1700*»

Un enfant né en 2013 vivra en moyenne 6,2 ans de plus que son aîné de 1990. Son espérance de rester en bonne santé a elle aussi progressé de 5,4 ans. Jusqu'ici, les résultats de l'étude dirigée par Theo Vos de l'Université de Washington sont sans surprise. Ces deux courbes affichent une progression : en 23 ans, l'espérance de vie a progressé plus vite.

Grâce aux progrès réalisés notamment dans les domaines de la science et de la médecine, les générations actuelles pensent qu'elles vivent plus longtemps que les générations antérieures. Pourtant, peu de gens atteignent ou dépassent le siècle. Ainsi, le Japon arrive en tête des pays où l'on vit le plus longtemps en bonne santé avec une moyenne de 73 ans. Tout en bas du classement se trouve le Lesotho dont les enfants nés en 2013 peuvent espérer vivre en bonne santé jusqu'à 42 ans. Et c'est en Afrique que l'on trouve neuf des dix pays où les habitants vivent le moins longtemps.

La théorie évolutionniste rend compte de l'augmentation de la longévité de la manière dont le corps humain a évolué au fil de millions d'années, comment notre corps a continué de se transformer pendant les révolutions agricole et industrielle. L'Histoire du corps humain éclaire d'une lumière inédite les transformations majeures qui ont impulsé des adaptations capitales : le passage à la bipédie, l'abandon d'une alimentation exclusivement à base de produits naturels, l'avènement de la chasse-cueillette, qui a conduit à notre exceptionnelle endurance physique, le développement d'un très volumineux cerveau et l'essor des aptitudes culturelles.

Le progrès technique médical et au moins autant dans les capacités de production agricole ont permis à l'humanité d'échapper soudain à des millénaires de maladies et de malnutrition.

## Un déclin constant de l'espérance de vie selon les religions

Le livre de la Genèse mentionne que Adam, Seth, Enoch, Hénan, Yared, Methoushélah et Noé ont vécu plus de 900 ans, tous nés avant le déluge. (Genèse 5 : 5, 27 ; 9 : 29). Methoushélah est connu pour son âge record : 969 ans !

Le récit nous apprend que le déluge a commencé quand Noé avait 600 ans, « au deuxième mois, le dix-septième jour du mois ». Le texte ajoute que les eaux ont submergé la terre pendant 150 jours et qu'« au septième mois, le dix-septième jour du mois, l'arche se posa sur les montagnes d'Ararat ». (Genèse 7 : 11, 24 ; 5 : 4) Ainsi, une période de cinq mois (du 17e jour du deuxième mois au 17e jour du septième mois de la même année) équivalait à 150 jours.

La Bible cite au moins 25 autres personnes qui ont atteint des âges plusieurs fois centenaires. Certaines ont vécu 300, 400, voire 700 ans ou plus (Genèse 5 : 28, 31 ; 11 : 10-25).

Dans la Bible, nous pouvons observer un déclin progressif à travers les générations, de la vie d'Adam, 930 ans, à celle de Noé, 500 ans, à celle d'Abraham, 175 ans.

Ce déclin constant dans l'espérance de vie correspond plus ou moins à ce qui est rapporté par les exégètes musulmans. Le Coran rapporte cependant que Noé a vécu 950 ans : « Et en effet, Nous avons envoyé Noé vers son peuple. Il demeura parmi eux mille ans moins cinquante années » (29 : 14)

Le Coran fait référence à des générations avec une durée de vie plus longue « Mais Nous avons fait naître des générations dont l'âge s'est prolongé » Sourate 28 : Al-Qasas (le Récit) verset 45.

Pour la Torah, Adam a vécu 920 ans, son fils Seth 912, Enoch, le fils de Seth 905 ans, Kenan, le fils d'Enoch 910 ans, Mahal'alel, le fils de Kenan, 895 ans, Jared, le fils de Mahal'alel, 963 ans, Methuselah, fils d'Enoch, 969 ans, Lamech, le fils de Methuselah 777 ans, Noé, fils de Lamech 950 ans.

Un peu comme pour la Bible, la liste des rois montre un déclin constant dans l'espérance de vie des régents. À l'intérieur de la liste existe une différenciation nette entre les règnes antédiluviens et postdiluviens. Les règnes antédiluviens sont significativement plus longs que les règnes postdiluviens, même si les dates des règnes postdiluviens couvrent des périodes de plusieurs centaines d'années ou de plus de 1000 ans.

## Un déclin constant de l'espérance de vie selon les récits de la culture chinoise et de la culture perse

Dans la Chine ancienne, les super centenaires étaient aussi rencontrés de façon courante, selon plusieurs textes. Joseph P. Hou, docteur et acuponcteur, a écrit dans son livre « Techniques pour la longévité et la santé » :

> « Selon d'anciens dossiers médicaux, un docteur nommé Cuie Wenze, de la dynastie Qin, aurait atteint l'âge de 300 ans. Gee Yule, de la dynastie suivante des Han, aurait vécu jusqu'à l'âge de 280 ans. Un moine taoïste de haut rang, Hui Zhao, aurait vécu jusqu'à l'âge de 290 ans et Lo Zichange aurait vécu jusqu'à 180 ans. Comme répertorié dans l'Encyclopédie chinoise Materia Medica, He Nengci, de la dynastie des Tang a vécu jusqu'à 168 ans. Un maître taoïste, Li Qingyuan, a atteint l'âge de 250 ans. Dans les temps modernes, un médecin de la médecine traditionnelle chinoise, Lo Mingshan, de la province de Sichuan, a vécu jusqu'à 124 ans. »

Selon la revue Science et Vie :

> « Il suffit de comparer les dernières générations pour constater qu'Homo sapiens grandit, et ce, partout dans le monde. En France, durant ces cent dernières années, les hommes ont gagné en moyenne 11 cm et les femmes, 8 »[132].

Le gain de quelques centimètres en moyenne ces dernières décennies serait, selon le Figaro, surtout la conséquence de l'amélioration de l'alimentation (beaucoup moins de carences que par le passé) et de l'hygiène[133]. Or cette théorie de l'augmentation de la longévité pose problème. Nous assistons plutôt à une progression des maladies chroniques, l'incidence croissante de l'obésité et de maladies nouvelles, comme le diabète type 2. Si ces changements continuels ont certes apporté beaucoup d'avantages, ils ont aussi créé des conditions auxquelles notre corps n'est pas complètement adapté.

---

132 https://www.science-et-vie.com/questions-reponses/evolution-de-l-homme-a-quoi-peut-on-s-attendre-10993

133 ww.lefigaro.fr/sciences/ 2012/10/12/01008 -20121012 ARTFIG00487--quoi-ressemblera-l-homme-dans-1000-ans.php

## Un métabolisme des générations actuelles plus fragile

Certes, la diminution de la mortalité infantile et celle des populations décimées par les épidémies peuvent s'avérer. Mais l'ère nouvelle a entraîné beaucoup de maladies du métabolisme. La croissance, individuelle comme collective, s'accompagne plutôt de menaces sur la santé. Le cancer du poumon était inconnu avant l'ère industrielle. En 1952, aux États-Unis, rien que ce type de cancer tuait six fois que 18 ans auparavant, plus de 34 fois en Suisse, en Angleterre, etc. depuis 1960, la proportion se multiplie partout. Plus de 80 % des eaux utilisées dans le monde sont souillées. L'aboutissement le plus courant de toutes les pollutions est le cancer. Les combustions accompagnent le développement et toute combustion est cancérigène pour le corps.

Les maladies du métabolisme augmentent proportionnellement avec les révolutions agricole et industrielle, notamment le cancer, l'infarctus, le diabète, les maladies du cœur, l'hypertension, les cirrhoses du foie.

## Impossibilité d'expliquer la longévité de l'organisme par les révolutions agricole et industrielle.

Les révolutions agricole et industrielle favoriseraient, selon l'évolutionnisme qui s'en inspirait, la santé et la longévité. Darwin l'a affirmé : la sélection naturelle favorise les individus les mieux capables de s'adapter à un environnement donné, à s'y reproduire et à transmettre leurs forces à la génération suivante. En théorie, ce principe devrait favoriser les individus porteurs de traits anti-âge ou pro-longévité, à l'infini. Sur la base de cette théorie, le vieillissement ne devrait jamais avoir lieu.

La promesse des évolutionnistes est par contre un leurre. Il est impossible de rallonger interminablement la vie. La mort de l'organisme est auto-engendrée par le cycle de vie de l'organisme lui-même. Tous les processus et facteurs jouent les deux rôles à la fois de vitalité et de vieillissement de l'organisme. Ces éléments sont biologiques, environnementaux et génétiques.

Sur le plan biologique, vitalité et vieillissement sont synonymes. Le fonctionnement de l'organisme[134] crée des éléments chimiques, notamment l'oxygène et l'azote, appelés radicaux libres, qui vont rouiller les cellules de l'organisme, comme l'oxygène et l'eau rouillent le fer. L'oxygène, nécessaire à la vie, est donc un élément fortement corrosif, pour le fer comme pour le corps. Le vieillissement et les maladies du métabolisme sont intimement liés à ces agents corrosifs, les radicaux libres, qui oxydent (rouillent) les protéines et lipides[135], et attaquent les molécules d'ADN, que le corps doit ensuite réparer.

À force de subir ces attaques, le corps vieillit. Ces éléments fondamentaux à la vie (oxygène, monoxyde d'azote…) sont des agents chimiques qui entraînent des réactions en chaîne, menant à la mort des cellules. Ces éléments vont attaquer les cellules, l'ADN, certaines molécules, les protéines ou les acides gras, pour les dégrader, les découper ou les détruire.

Les radicaux libres sont donc destructeurs pour le corps, mais ils sont liés au fonctionnement vital de l'organisme comme la respiration ou le système immunitaire. Avec la respiration, l'oxygène brûle les nutriments[136] : (glucides, lipides…) pour produire de l'énergie. Une fraction de ces molécules d'oxygène ne sont pas ou sont mal utilisées et peuvent alors aller oxyder d'autres éléments du corps.

Aussi pour s'adapter à l'environnement externe de l'organisme, en détruisant certains agents pathogènes pouvant entraîner des maladies, ou résultant de blessures, le système immunitaire utilise un agent oxydant

---

[134] L'oxydation est une réaction chimique d'oxydoréduction au cours de laquelle des électrons sont transférés d'une substance vers un élément oxydant. L'oxydation est un processus biochimique par lequel le corps produit des substances, les radicaux libres, qui peuvent entraîner des réactions en chaines d'attaque et de destruction des protéines et des acides gras de l'organisme. Cette réaction ne se passe qu'en présence d'oxygène. Ce type de réaction peut produire des radicaux libres.

[135] Les protéines sont de longues molécules composées d'un enchaînement de molécules élémentaires : les acides aminés. Ces derniers sont au nombre de vingt, parmi lesquels la moitié sont dits essentiels, car notre organisme ne peut les fabriquer lui-même. L'homme est, en quelque sorte, dépendant des acides aminés.

Les lipides jouent le rôle de carburant pour répondre aux besoins énergétiques de notre organisme. Mais leur rôle ne s'arrête pas là : ils servent aussi de moyen de transport aux nutriments, sont des composants majeurs des membranes de nos cellules, participent à la synthèse de certaines substances telles que les hormones, etc.

[136] Grâce aux mitochondries qui sont les centrales énergétiques du corps.

très puissant : le monoxyde d'azote (NO). Si les infections sont trop fréquentes, la quantité de monoxyde d'azote dans le corps augmente.

Ainsi, le taux de radicaux libres est lié au métabolisme du corps. Le métabolisme définit l'activité du corps, le nombre de calories ingérées par l'alimentation, le nombre de calories dépensées par le corps, le nombre de battements du cœur ou de respirations. Plus le métabolisme est élevé, et plus le corps est actif, ce qui augmente sa production en radicaux libres, et donc accélère le vieillissement.

Mais les radicaux libres viennent aussi des villes actuelles. La fumée de cigarette contient une grande part d'oxyde d'azote. Les gaz d'échappement et autres éléments polluants aussi. Le fer, consommé en trop grande quantité, est lui aussi apporteur de radicaux libres. Le soleil, avec les rayons UV, entraîne une augmentation des oxydants. Toute activité physique intensive, en augmentant la respiration, donc le flot d'oxygène et la production d'énergie sont un élément qui augmente les radicaux libres.

Le vieillissement des cellules du corps et les maladies dégénératives associées sont liés à l'action destructive des radicaux libres, qui attaquent les cellules du corps.[137] Lors de l'oxydation, en plus de dégrader les protéines ou les acides gras, les radicaux libres attaquent l'ADN des cellules. Plus on avance en âge et plus le corps a subi d'attaques, et donc, le nombre de cellules dégradées est plus important.

De nombreuses maladies sont liées à la dégénérescence des cellules : Ride et vieillissement de la peau : les protéines constituant la structure de la peau sont attaquées par les radicaux libres, la structure est donc affaiblie, la peau est moins tendue et se creuse. La dégénérescence du cervelet est responsable d'un groupe hétérogène de maladies neurodégénératives, les ataraxies spinocérébelleuses, d'évolution souvent fatale, et caractérisées par la présence d'un syndrome cérébelleux (troubles de la marche et de l'équilibre). Le Cataracte : comme les protéines de la peau, les protéines du cristallin sont dégradées par l'oxydation et la vue diminue. L'infarctus : les acides gras dégradés par les radicaux libres se déposent le long des vaisseaux sanguins et finissent par gêner la circulation du sang. Les cancers : les attaques

[137] Le rôle des radicaux libres dans le vieillissement des cellules est une hypothèse définie en 1954 par le professeur américain Denham Harman, sous le nom de « Stress oxydatif ».

répétées sur l'ADN peuvent le dégrader, et dénaturer les cellules, ce qui peut conduire à des cancers.

Le « développement » (les révolutions agricole et industrielle vantées par l'évolutionnisme) favorise l'excès dans la consommation et la sédentarité. Les excès rendent le corps malade. Dans une alimentation équilibrée, les fibres sont aussi importantes que les protéines et les glucides. En fait, bien des ennuis de santé sont causés par la prise d'aliments trop raffinés comme le pain blanc, les pâtisseries, les céréales commerciales et les sucreries.

La quantité, la qualité et le rythme grandissant de consommation actuelle de la nourriture sont des facteurs déterminants de vieillissement et de maladie.

L'Institut national du cancer des États-Unis affirme que 35 % des cancers sont liés à l'alimentation actuelle, particulièrement aux régimes riches en graisses et pauvres en fibres. Outre cette conséquence directe sur la santé, les excès dans l'alimentation favorisent l'obésité, or grossir c'est mal vivre.

Les populations actuelles sont devenues grosses.

> « Grossir, c'est mourir un peu. C'est perdre la santé elle-même. Le développement excessif de l'embonpoint paralyse en effet le fonctionnement des organes essentiels (cœurs, foie, reins…), comme il gêne les mouvements, déforme le corps, alourdit la démarche, interdit toute activité. Grossir, c'est enlaidir et vieillir avant l'âge. »[138]

La consommation d'huile, corolaire des modes de vie actuels, est un des facteurs déterminants de vieillissement et de maladie. Les acides gras saturés ne s'oxydent pas au contact de l'air ou de la lumière. Consommés de manière excessive, par les hommes actuels, ils augmentent le taux de mauvais cholestérol qui se dépose dans les artères, favorisant l'athérosclérose et pouvant provoquer des accidents cardio-vasculaires. On les trouve dans la viande, la charcuterie, les produits laitiers gras et le jaune d'œuf.

Un grand risque cardiovasculaire est associé à un excès de cholestérol, au même titre que l'hypertension, le tabagisme ou la sédentarité. L'excès de cholestérol fait partie des « quatre bourreaux du cœur ». Un excès de cholestérol peut entraîner des lésions sur la paroi des artères, qui sont directement en contact avec le flux sanguin. Le cholestérol en excès se

[138] Article paru dans une revue féminine de 1948, Voir Dominique Loreau, p. 148

dépose sur les parois des artères notamment celles du cœur (artères coronaires), formant des plaques graisseuses qui s'épaississent au fil des ans (athérosclérose).

Les plaques réduisent leur calibre, rendent le passage du sang de plus en plus difficile et peuvent favoriser la formation d'un caillot (thrombose). Ce caillot peut boucher l'artère ou bien se détacher et obstruer un vaisseau plus petit. Quand le sang ne passe plus, les cellules, privées d'oxygène, meurent. C'est l'accident ischémique qui, selon l'artère obstruée, entraîne différentes situations d'urgence vitale.

Les artères du cœur (artères coronaires), celles du cerveau (carotides et vertébrales) et des jambes sont particulièrement touchées. Si le flux sanguin est interrompu, on parle alors respectivement d'infarctus du myocarde, d'accident vasculaire cérébral ou d'artérite des membres inférieurs. Les excès de cholestérol comptent parmi les principaux facteurs de risque de ces maladies cardiovasculaires qui représentent une importante cause de mortalité.

La consommation de sucre, corolaire des modes de vie actuels, est un des facteurs déterminants de vieillissement et de maladie. Des études ont mis en relation le taux de sucre dans le sang et les petits trous de mémoire qui apparaissent avec l'âge. En vieillissant, l'organisme est moins performant. Cette situation semble affecter une structure cérébrale nichée dans l'hippocampe, connue pour être le siège de l'apprentissage et de la restitution des souvenirs.

Beaucoup d'aliments liés au « développement » de l'homme comportent du sucre. Un excès de sucre dans le sang provoque une réaction naturelle appelée « glycation des protéines ». Ce mécanisme est un élément majeur de vieillissement prématuré de la peau. Le sucre se mêle aux protéines constitutives de la peau (collagène et élastine) et modifie leurs propriétés intrinsèques avec, pour conséquences, la formation de rides profondes et un relâchement de la peau. Les premiers effets de cette réaction chimique apparaissent à partir de 35 ans, quand la peau commence à perdre ses capacités de collagène.

Un taux élevé de sucre dans le sang, s'il l'est en permanence, abîme le cœur. Néanmoins, chez une personne en bonne santé, une consommation excessive de sucre risque d'épuiser le pancréas et de provoquer un manque d'insuline.

La norme de consommation du sucre, selon l'Organisation mondiale de la santé (OMS), est de 50 g par jour. Soit 8 à 10 cuillérées à café à ne pas dépasser par jour. Le fructose naturel des fruits n'est pas concerné.

Or rien qu'une canette de boisson « douce » contient à elle seule l'équivalent de douze morceaux de sucre !

Sur le plan physiologique, la bipédie a ses limites naturelles sur la santé du corps. La bipédie entraîne plusieurs pathologies du rachis (lombalgies, sciatique, cruralgie, méralgie) et qui touchent environ 50 % de la population humaine, ses déformations (scoliose, cyphose, hyperlordose) ou les névralgies cervicobrachiales ; raccourcissement et élargissement du bassin à l'origine de la disproportion foeto-pelvienne ; perte de la capacité préhensile du pied (l'hallux reste aligné chez le fœtus humain).

Sur le plan génétique aussi, vitalité et vieillissement sont synonymes. Les 30 gènes qui interviennent dans la vitalité et la reproduction sont les mêmes que ceux qui accélèrent le vieillissement et la destruction du corps.

Les gènes qui permettent la reproduction sont les mêmes que ceux qui causent le vieillissement. Le retrait des gènes qui accélèrent le vieillissement (gérontogènes) chez l'humain empêche la reproduction. Ce principe est contraire à la sélection naturelle.

La pléiotropie antagoniste se base sur la théorie de l'accumulation des mutations, élaborée par le prix Nobel de médecine Peter Medawar, un britannique. Selon cette théorie, le vieillissement survient à cause des mutations génétiques délétères. Cependant, les effets de ces mutations ne se manifestent qu'après un certain âge situé après la période pendant laquelle la reproduction se fait normalement, de sorte que la sélection naturelle ne pourrait éliminer les gènes, qui se transmettent ainsi de génération en génération, entraînant le vieillissement, puis la mort, des personnes ayant ces gènes. Il y a une accumulation des mutations délétères. Cette théorie est, aujourd'hui, toujours en vigueur.

Le biologiste américain affirme que les gènes qui causent le vieillissement ne sont pas éliminés par l'évolution non seulement parce que leurs effets délétères se manifestent après la période de reproduction, mais aussi parce que les gérontogènes (en) (gènes du vieillissement) ont un effet bénéfique avant la reproduction.

Les gérontogènes sont donc pléiotropes : ils induisent un bénéfice précoce et un effet néfaste tardif. Par exemple, les gérontogènes peuvent faciliter la capacité d'un organisme à se reproduire et, après la période de reproduction, les mêmes gènes peuvent faire vieillir l'organisme. Autrement dit, selon la théorie, vieillir serait le prix à payer pour de meilleures aptitudes à la reproduction.

*In fine*, l'évolutionnisme, dans ses différentes théories, crée des utopies du surhomme ou d'une post-humanité.

> L'organisme joue, en effet, un tour à la théorie évolutionniste. Les dynamiques d'adaptation de l'organisme sont les mêmes que celles de sa destruction. L'autophagie dysfonctionnelle, dans les neurones, la pléiotropie antagoniste donne un coup fatal à l'évolutionnisme : maladie du métabolisme, maladie neuronale (Alzheimer, Parkinson, Huntington,), vieillissement, infertilité, désintégration.

La disparition des gènes du vieillissement, dans le prolongement logique des théories évolutionnistes, empêche la reproduction de l'organisme.

# CONCLUSION

L'évolutionnisme est devenu, depuis plus d'un siècle, la pensée unique. Darwin avait été beaucoup critiqué par énormément d'auteurs qui s'étaient empressés de le contredire. Ils lui trouvaient des exemples et des faits pour invalider ses hypothèses. Il cherchait à illustrer, avec des observations détaillées, la thèse que les espèces vivantes ne sont pas des catégories fixes. Elles se diversifient avec le temps, ou disparaissent. Il propose l'idée de la sélection naturelle. Darwin lui-même, à travers ses réactions, était moins catégorique. Il n'utilise pas le mot évolution dans son œuvre, puisque ce terme n'est introduit que dans les années 1870. Cf. Gould (1997), Laurent (2001). Néanmoins, le modèle darwinien de l'évolution s'est progressivement imposé dans la communauté scientifique comme celui rassemblant un maximum de faits observables avec un minimum de postulats. Comment, depuis plus d'un siècle, l'évolutionnisme est devenu une réalité profondément ancrée, une pensée indiscutable, une convenance acceptée ? Il s'est transformé en idéologie sociale. Et les conséquences étaient sans limites pour l'humanité : massacres, ignorances, obscurantismes… !

Et pourtant, cette idée est une énorme erreur ! Comment des hommes de sciences incontestables, des penseurs qui ont marqué l'humanité ont-ils pu se tromper, et surtout entraîner l'humanité vers autant de dérives ?

Dans l'écosystème du vivant, il est prouvé, à travers l'ouvrage, que les hypothèses de base de la théorie sont fausses : il n'existe pas de « sélection naturelle », encore moins de « pression de sélection » ni entre espèces ni à l'intérieur des espèces. Par ailleurs, il n'existe pas une

« chaîne évolutive des espèces ». Si certains continuent à admettre le fait qu'il y ait des variations d'une génération à l'autre, durant des milliers d'années, il est impossible, à travers les résultats scientifiques cités, que l'homme descende d'un cactus ou du poisson, encore moins que la vie soit originellement apparue dans la planète Terre.

La capacité cognitive comme mécanisme principal de l'évolution de l'homme est remise en cause par toutes ces observations inédites. On est revenu sur les observations nouvelles que les animaux utilisent des outils, ont une mémoire des événements, connaissent la ruse ou l'empathie, les émotions complexes, et même le rire. Plus étonnant encore, ils rivalisent avec une des pratiques les plus sophistiquées de l'homme : la médecine. Ils font des tableaux d'art, vendus à des hommes. Ils font des mathématiques, des analyses théoriques et évaluent leurs connaissances. Il a été montré que l'homme et les animaux ont les mêmes affects ; des passions, affections et émotions. Ils éprouvent l'étonnement et la curiosité : ils possèdent les mêmes facultés d'imitation, d'attention, de mémoire, d'imagination et de raison.

Si ce comportement relève de l'instinct, l'hypothèse de la survie du « plus intelligent » » manque d'intérêt. Des effets immensément supérieurs et adaptatifs à l'intelligence de l'homme se manifestent dans ce qui est alors qualifié « d'instinct ». Pour Einstein, ce résultat qui dépasse l'intelligence humaine est général : « un esprit se manifeste dans les lois de l'univers, un esprit immensément supérieur à celui de l'homme. »[139]

Si le comportement des animaux ne relève pas de l'instinct ou de la programmation génétique alors toute l'hypothèse de la théorie évolutionniste était remise en cause. L'hypothèse d'une véritable intelligence chez les insectes est, dans tous les cas, vérifiée. On est revenu sur cette passionnante étude réalisée par des chercheurs du CNRS[140] et de l'université de Toulouse venue enrichir et conforter les extraordinaires résultats qui invalident un comportement purement instinctif des

---

[139] Un jour de 1936, en Princeton, un enfant demanda à Einstein s'il croyait en Dieu. Einstein promit à l'enfant de lui répondre plus tard. Il lui demanda son adresse. Une semaine plus tard, il lui répond en lui disant : « Tous ceux qui sont sérieusement impliqués dans la science finiront par comprendre un jour qu'un esprit se manifeste dans les lois de l'univers, un esprit immensément supérieur à celui de l'homme. »

[140] CNRS/Université Toulouse III – Paul Sabatier, *Les abeilles comprennent le concept de zéro,* Publié 07 juin 2018

animaux, de ces chercheurs de l'université américaine, en vérifiant l'hypothèse d'une véritable intelligence chez les insectes.

L'hypothèse fondamentale de l'évolutionnisme, de l'avantage de la bipédie de l'homme comme produit majeur de la « sélection naturelle » est remise en cause. La capacité d'adaptation de l'homme par l'avantage de la bipédie et le caractère héréditaire d'avantage acquis ont été contredits. Il a ainsi été démontré que la bipédie n'a offert, dans le passé, aucun avantage sélectif aux individus capables de se déplacer debout, que l'usage intensif ou délaissé d'un organe chez un animal en développement ne modifierait pas le gène qui commande l'organe.

« L'idée que les atomes laissent leurs impressions à titre de legs aux autres atomes prenant la place qu'ils quittent, contredit l'affirmation de l'état conscient, et est fausse par conséquent ; mais comme c'est là l'idée nécessaire pour l'évolution, l'hypothèse est donc fausse. » Pour certains biologistes, il est tout à fait impossible que cette théorie puisse expliquer l'apparition des mammifères après l'extinction des Sauriens.

Ceux qui survivent sont les plus aptes qui vont se reproduire et transmettre leurs caractères à la génération suivante. Selon Darwin, qui ignorait encore les processus de l'hérédité, la microévolution suffit à expliquer l'apparition de nouvelles espèces, voire de nouvelles lignées, ce qui correspond, en fait, à la macroévolution. Un tel schéma implique des transformations progressives, plus ou moins régulières. C'est le « gradualisme ». Le gradualisme n'existe pas en génétique, encore moins une « pression » sur l'organisme qui le justifierait.

La différence de survie entre les individus s'explique par une lutte qu'ils se livrent pour l'existence (struggle for life), c'est-à-dire une lutte pour l'exploitation des ressources.

Les individus qui portent les variations avantageuses se reproduisent plus. Au fil des générations, on verra donc une sélection sexuelle. La pression de sélection désigne un phénomène qui se traduit par une évolution des espèces vivantes soumises à certaines contraintes environnementales. De façon imagée, on peut voir ces contraintes environnementales comme une force qui « pousse » l'espèce à se transformer dans une direction donnée, d'où le terme de *pression.*

Pour les généticiens, il est impossible de supprimer le « hasard » dans ce processus. Il ne peut donc y être question de processus adaptatif, encore moins de sélection naturelle. Car statistiquement les facteurs neutres, régressifs ou dominants ont la même chance d'apparaître.

De nouvelles théories évolutionnistes tentent de se rapprocher de ces nouvelles découvertes évoquées de la génétique, de l'archéologie et de la biologie. Cependant, ces néoévolutionnismes restent encore prisonniers des préjugés qui ont fondé la théorie mère, les obstacles épistémologiques liés à l'ethnocentrisme, l'anthropocentrisme et le cosmo-centrisme. Conséquence majeure de l'archéologie coloniale, comme l'a noté Germaine Loumpet, ces nouvelles théories sont toujours caractérisées par un chevauchement incessant de temporalités, de linéarités. Ces théories de relève, comme la première, sont incapables, contrairement à la logique d'un bon modèle, de faire des prévisions sur le futur biologique de l'homme. Certains, comme Macfarlane Burnet, prix Nobel en 1960, envisagent dans le futur, avec ce modèle, une humanité où les êtres supérieurs et les êtres inférieurs seraient séparés grâce à un système de castes héréditaires, l'effet annoncé (plutôt) étant la subdivision à terme du genre humain en deux espèces distinctes.

Comme le résume Gaëlle Le Dref :

> « Finalement, sous couvert d'un naturalisme affiché, darwinisme social, sociobiologie et transhumanisme ou toute autre utopie post-humaniste, [ces nouvelles théorie] ne mettent en avant la communauté de nature de l'homme avec l'animal que pour mieux l'en abstraire. … L'évolutionnisme propose des réponses simples à la complexité de la question humaine. Elle tente de *résoudre*, sinon de *dissoudre* celle-ci dans une démarche qui n'a rien d'inoffensif en termes éthiques et politiques, et qui, contrairement aux apparences, n'a rien non plus de scientifique. »[141]

> « De façon générale, une conséquence majeure de l'archéologie coloniale sur les peuples indigènes paraît se situer dans une interférence des temporalités qu'elle conforta et imposa dans leur vision du monde par le passage d'un temps itératif à la linéarité d'un temps mesuré. L'ordonnancement des faits matériels de civilisation corrélatifs est simplement inscrit dans des procédures de valeur. Cette compétition oscille perpétuellement d'un évolutionnisme fondamental vers un néo-évolutionnisme à rebours, caractérisé par un chevauchement incessant de temporalités qui sont tantôt mythologiques tantôt linéaires. On se retrouve toujours ainsi dans une situation ambiguë qui se traduit par une hypersensibilité par rapport aux sciences anthropologiques, tantôt perçues comme simplificatrices

---

141 Gaëlle Le Dref, *L'homme face à l'évolutionnisme : un animal paradoxal,* https://doi.org/10.4000/leportique.2451

ou teintées d'européocentrisme, tantôt comme une recolonisation substituée par le savoir. »[142]

L'ethnocentrisme, l'anthropocentrisme et le cosmo-centrisme ont longtemps été les obstacles épistémologiques dans les théories évolutionnistes. Pour autant, l'histoire ne connaît l'Homme qu'à l'état de civilisation. Il n'existe pas de chaîne opératoire de l'évolutionnisme qui permet de voir étape par étape le processus d'hominisation. Avec les nouvelles découvertes archéologiques impressionnantes, l'hypothèse nouvelle à explorer sérieusement est même celle d'un passé plus évolué que le présent.

Gaston Bachelard, dans la *Formation de l'esprit scientifique* en 1938, désignait ce qui pourrait permettre d'avancer dans cette nouvelle direction. Pour Bachelard, « on connaît contre une connaissance antérieure ». Il est donc nécessaire d'écarter, sans nier leur existence, les différents obstacles qui empêchent l'homme d'accéder à la connaissance. Le plus difficile à surmonter est l'obstacle présent « dans l'acte même de connaître. »

Pour découvrir le vrai passé de l'homme et voir son futur, il est impératif de lutter contre les obstacles épistémologiques de l'orgueil et des préjugés sur le passé. Bachelard préconise quatre impératifs : réaliser une catharsis intellectuelle et affective, réformer son esprit, refuser tout argument d'autorité et laisser sa raison inquiète.

---

[142] Germain Loumpet, *L'archéologie comme science coloniale en Afrique centrale équatoriale : La construction d'un espace-temps anthropologique pour la lecture du passé.*

# TABLE DES MATIÈRES

## Structures éditoriales du groupe L'Harmattan

**L'Harmattan Italie**
Via degli Artisti, 15
10124 Torino
harmattan.italia@gmail.com

**L'Harmattan Hongrie**
Kossuth l. u. 14-16.
1053 Budapest
harmattan@harmattan.hu

---

**L'Harmattan Sénégal**
10 VDN en face Mermoz
BP 45034 Dakar-Fann
senharmattan@gmail.com

**L'Harmattan Cameroun**
TSINGA/FECAFOOT
BP 11486 Yaoundé
inkoukam@gmail.com

**L'Harmattan Burkina Faso**
Achille Somé – tengnule@hotmail.fr

**L'Harmattan Guinée**
Almamya, rue KA 028 OKB Agency
BP 3470 Conakry
harmattanguinee@yahoo.fr

**L'Harmattan RDC**
185, avenue Nyangwe
Commune de Lingwala – Kinshasa
matangilamusadila@yahoo.fr

**L'Harmattan Congo**
67, boulevard Denis-Sassou-N'Guesso
BP 2874 Brazzaville
harmattan.congo@yahoo.fr

**L'Harmattan Mali**
ACI 2000 - Immeuble Mgr Jean Marie Cisse
Bureau 10
BP 145 Bamako-Mali
mali@harmattan.fr

**L'Harmattan Togo**
Djidjole – Lomé
Maison Amela
face EPP BATOME
ddamela@aol.com

**L'Harmattan Côte d'Ivoire**
Résidence Karl – Cité des Arts
Abidjan-Cocody
03 BP 1588 Abidjan
espace_harmattan.ci@hotmail.fr

---

## Nos librairies en France

**Librairie internationale**
16, rue des Écoles
75005 Paris
librairie.internationale@harmattan.fr
01 40 46 79 11
www.librairieharmattan.com

**Librairie des savoirs**
21, rue des Écoles
75005 Paris
librairie.sh@harmattan.fr
01 46 34 13 71
www.librairieharmattansh.com

**Librairie Le Lucernaire**
53, rue Notre-Dame-des-Champs
75006 Paris
librairie@lucernaire.fr
01 42 22 67 13

www.ingramcontent.com/pod-product-compliance
Lightning Source LLC
LaVergne TN
LVHW011256061026
849535LV00005B/1282